ANTONIO MIGUEL GONZÁLEZ CABEZAS

Profesor Titular de Topografía
Escuela Politécnica Superior
Universidad de Alicante

LECCIONES

DE

TOPOGRAFÍA Y REPLANTEOS

5.ª Edición

Editorial Club Universitario

Alicante

Lecciones de Topografía y Replanteos 5.ª ed.
© Antonio M. González Cabezas

Dibujos: Elías Antonio Alcaraz Martínez

Portada: Eduardo Gras Moreno

1.ª Edición: 1999
2.ª Edición: 2001
3.ª Edición: 2007
4.ª Edición: 2009
5.ª Edición: 2010

ISBN: 978–84–9948–264–4
Depósito legal: A–809–2010

Edita: Editorial Club Universitario Telf.: 96 567 61 33
C/ Decano, 4 – 03690 San Vicente (Alicante)
www.ecu.fm
ecu@ecu.fm

Printed in Spain
Imprime: Imprenta Gamma Telf.: 965 67 19 87
C/ Cottolengo, 25 – 03690 San Vicente (Alicante)
www.gamma.fm
gamma@gamma.fm

Índice de Contenidos

I. EL TERRENO Y SU REPRESENTACIÓN

I.1. LA REPRESENTACIÓN DE LA TIERRA

I.1.1. Sistemas geográficos de representación

El hombre es como una hormiga en una alfombra, que puede conocer perfectamente la estructura de la misma a su alrededor, pero sin idea de lo que ocurre fuera de su campo visual. Para reducir las grandes dimensiones de superficie terrestre a proporciones tales que puedan abarcarse de una sola ojeada, hace uso el geógrafo de los Mapas.

Ciencias Geográficas

Las Ciencias Geográficas tratan los temas relativos al estudio de la forma, dimensiones y representación del Globo Terráqueo o partes de él. Son Ciencias Geográficas, la Geodesia y la Cartografía.

La Geodesia es la ciencia que estudia la forma y dimensiones de la Tierra. Tras diversas aproximaciones, actualmente se admite como forma de la Tierra, la superficie de equilibrio materializada por los mares en calma. Esta superficie se denomina *Geoide*. El Geoide es una superficie física real, aproximada a un elipsoide de revolución, y sobre la cual la gravedad en todos sus puntos es normal a ella.

Sin embargo, el Geoide tiene el inconveniente de que no es representable mediante función algebraica alguna, lo que hace imposible su utilización como superficie de referencia. Este inconveniente se salva, sustituyéndolo por un elipsoide de revolución lo más aproximado posible al Geoide. Este elipsoide se denomina *elipsoide de referencia*.

El Geoide es, pues, una superficie física y real, mientras que el elipsoide de referencia no es sino una superficie arbitraria que sirve de fundamento para los cálculos geodésicos. Existen diversos elipsoides de referencia con distintos grados de aproximación al Geoide, tanto en conjunto como localmente.

Sobre el elipsoide de referencia se establece un sistema de coordenadas, constituido por paralelos y meridianos, al que referir la situación de cualquier punto de la superficie de la Tierra. De este modo, la posición de cada punto de la superficie terrestre queda definida mediante dos coordenadas llamadas: *longitud* (λ) y *latitud* (φ).

Las coordenadas geográficas, longitud y latitud, de los puntos terrestres se pueden obtener directamente, mediante métodos astronómicos, determinando su posición con respecto a los astros; o indirectamente, mediante mediciones geodésicas, determinando su posición respecto a un punto fundamental denominado: *datum*. En este punto, la normal al Geoide coincide con la normal al elipsoide de referencia y las dos superficies, Geoide y elipsoide de referencia, son tangentes.

El elipsoide de referencia no es desarrollable en un plano, por lo que para obtener una representación plana del Globo Terráqueo es necesario acudir a otra Ciencia Geográfica, *la Cartografía*, que se define como: "la Ciencia Geográfica que estudia los diferentes métodos o sistemas que permiten representar en un plano una parte o toda la superficie del elipsoide de referencia".

Todos los métodos cartográficos se fundan en transformar las coordenadas geodésicas, longitud y latitud (λ , φ), que definen la posición de un punto sobre el elipsoide de referencia, en otras, *X, Y*; que determinan la posición de otro punto homólogo del primero sobre una superficie plana que se denomina *mapa*, existiendo una correspondencia definida por:

$$X = f (\lambda , \varphi) \qquad Y = g (\lambda , \varphi)$$

Mapa

Un Mapa es, pues, el resultado de la transformación, mediante sistemas cartográficos, de las coordenadas geodésicas en otras referidas a un plano cartesiano.

La ley de transformación puede adoptar modalidades muy diversas, dando origen a los diferentes sistemas cartográficos. En algunos, dará lugar a una verdadera proyección, mientras que en otros, obedecerá a una ley analítica no proyectiva. A los primeros se les denomina *sistemas proyectivos* y a los segundos, *sistemas analíticos*.

Anamorfosis

La elección del sistema cartográfico a emplear en cada caso debe supeditarse a que la figura del Mapa cumpla ciertas propiedades en relación con la del terreno, ya que, al no ser el elipsoide una superficie desarrollable, cualquier sistema cartográfico que se emplee tendrá siempre deformaciones. Estas deformaciones, llamadas *Anamorfosis*, destruyen la proporcionalidad que debería existir entre la superficie de la Tierra y su imagen en el Mapa.

Así, en general, la distancia entre dos puntos medida sobre la superficie terrestre no será proporcional a la distancia entre sus puntos homólogos del plano. Tampoco serán proporcionales las áreas en la superficie y las correspondientes en la representación; ni tampoco será el mismo el ángulo de dos líneas en la superficie terrestre y el de las correspondientes líneas en el mapa. No obstante, siempre se podrá conseguir en función del sistema cartográfico elegido, que se verifiquen algunas de estas condiciones, pero nunca que se verifiquen simultáneamente. El problema de la Cartografía está en buscar en cada caso el sistema de representación que mejor se adapte al fin al que se vaya a dedicar el mapa, anulando o reduciendo al mínimo las deformaciones que, en cada caso, interese reducir.

En función de las Anamorfosis, los sistemas cartográficos se clasifican en:
- Sistemas *Automecoicos*, son aquellos que carecen de Anamorfosis lineal.

- Sistemas *Equivalentes*, son los que carecen de Anamorfosis superficial.
- Sistemas *Conformes*, son aquellos que carecen de Anamorfosis angular.

I.1.2. Procedimientos topográficos

Cuando la extensión de la zona que se pretende representar es lo suficientemente pequeña como para poder prescindir de la curvatura de la Tierra, no se hace uso de los sistemas cartográficos descritos. En estos casos, se emplean procedimientos más sencillos desarrollados en la técnica denominada Topografía. La representación gráfica obtenida mediante la aplicación de los procedimientos topográficos se denomina *Plano Topográfico*, o simplemente *Plano*.

Un plano topográfico es, por tanto, la representación gráfica de una zona terrestre suficientemente pequeña como para prescindir de la curvatura terrestre. Su formación se conoce con el nombre de *levantamiento topográfico*, y el sistema de representación empleado es el de *planos acotados*. El Plano Topográfico carece de Anamorfosis. Es, simultáneamente, *automecoico, conforme* y *equivalente*.

Cada plano guarda con el terreno una relación de semejanza conocida con el nombre de *escala*, y que se nota: *E=1/M*.

La representación de los puntos del terreno en el sistema de planos acotados se obtiene proyectándolos ortogonalmente sobre un plano horizontal de referencia arbitrariamente elegido, denominado *plano de comparación*. Así, la representación del punto A del terreno será el punto a del plano P.

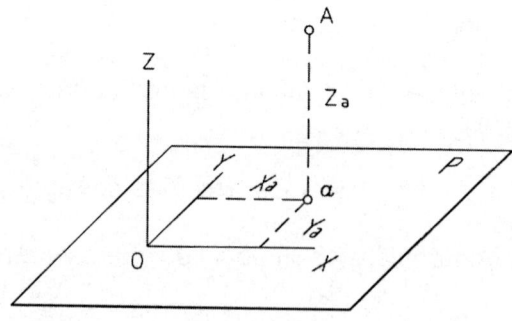

Estableciendo sobre el plano de comparación un sistema cartesiano de referencia, es posible obtener la posición espacial de los puntos del terreno.

En efecto, definido el sistema cartesiano de referencia, la situación del punto a en el plano quedará perfectamente determinada mediante dos coordenadas x_a, y_a, que son también, según se desprende de la figura, las coordenadas del punto A del terreno respecto del mismo sistema de referencia.

Sin embargo, únicamente con las coordenadas planas (x_A, y_A) no es posible establecer la posición espacial del punto A. Se precisa un elemento más, la distancia vertical que hay entre el punto A y su proyección en el plano. Este elemento se denomina: *cota del punto A (z_A)*. La cota de los puntos se sitúa entre paréntesis a su lado en el dibujo.

En los levantamientos topográficos, el plano de comparación ha de elegirse de forma que las cotas de todos los puntos sean positivas.

Representación de elementos no puntuales

La representación de elementos no puntuales del terreno se obtiene mediante la proyección de los puntos que los definen geométricamente. Así, una recta AB del terreno quedará representada en el plano de comparación P por la proyección ab de sus extremos.

Debe tenerse en cuenta que, en general, la distancia medida entre los extremos de una recta en el espacio será siempre mayor que la medida entre sus proyecciones sobre el plano horizontal de comparación. Para evitar confusiones, la longitud medida en el espacio se denomina *distancia geométrica*, y *distancia reducida* la medida sobre el plano de comparación.

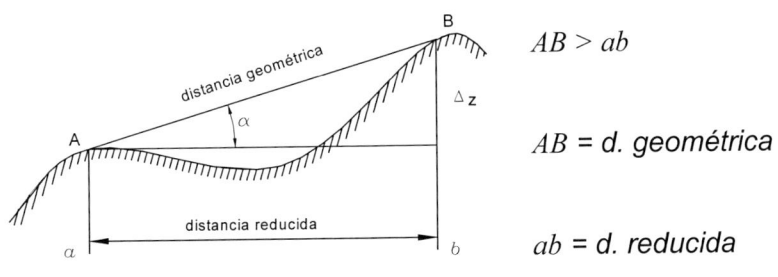

$AB > ab$

$AB = $ d. geométrica

$ab = $ d. reducida

Llamando α al ángulo que forma la recta AB con el plano horizontal de comparación, se puede establecer la siguiente relación:

$$ab = AB \cdot \cos \alpha$$

Se denomina *desnivel* entre dos puntos (Δz), a la diferencia de sus cotas.

$$\Delta z_{A\text{-}B} = Z_A - Z_B$$

Pendiente de una recta

Por definición, se llama pendiente de una recta, a la tangente trigonométrica del ángulo que forma la recta con el plano horizontal de comparación. Se tiene pues:

$$p = \tan \alpha = \frac{\Delta z}{d}$$

Levantamiento topográfico

Un levantamiento topográfico consiste, en esencia, en la realización de las operaciones necesarias para determinar la posición de una serie de puntos del terreno respecto de un sistema de referencia previamente establecido, y su posterior representación gráfica.

Los levantamientos topográficos pueden ser:

- *Planimétricos*, cuando se determina solo la situación de los puntos en el plano horizontal mediante la obtención de sus coordenadas *(x, y)* respecto del sistema de referencia previamente establecido. La parte de la Topografía que desarrolla los métodos y procesos adecuados para ello se denomina: *Planimetría*.

- *Altimétricos*, cuando se determina solo la altura de los puntos sobre el plano de comparación, mediante el cálculo de las respectivas cotas (z). La parte de la Topografía que desarrolla los métodos y procesos adecuados para ello se denomina: *Altimetría*.

- *Taquimétricos*, cuando se determinan simultáneamente las coordenadas planas de los puntos y sus cotas respectivas. La parte de la Topografía que desarrolla los métodos y procesos adecuados para ello se denomina: *Taquimetría*.

I.1.3. Ámbito de los levantamientos topográficos

Los procedimientos topográficos que se han descrito, empleados en los levantamientos topográficos, sólo pueden ser aplicados cuando se trate de zonas muy pequeñas en las que, considerando la Tierra como plana, se pueda sustituir la curvatura terrestre por un plano horizontal.

De acuerdo con lo precedente, se han establecido unos límites que indican hasta dónde se puede llegar en la aplicación de los procedimientos topográficos.

Normalmente, los levantamientos planimétricos ordinarios pueden realizarse sin temor a que la influencia de la esfericidad de la Tierra produzca error apreciable. Piénsese que, por ejemplo, el límite de la máxima longitud que se puede medir de una sola vez empleando procedimientos topográficos está establecido en 10 km.

Sin embargo, en la determinación del desnivel entre dos puntos sí tiene una acusada influencia la esfericidad de la Tierra. El error de esfericidad, para distancias de unos 200 metros, vale aproximadamente unos 5 mm, cantidad no aceptable en muchos casos.

I.2. EL PLANO TOPOGRÁFICO

I.2.1. Planos con puntos acotados y planos con curvas de nivel

Un levantamiento topográfico consiste, en esencia, en elegir una serie de puntos del terreno que configuren geométricamente los elementos que se quiere representar, tomar en campo los datos necesarios para determinar sus coordenadas respecto de un sistema cartesiano de referencia previamente establecido, calcular estas y finalmente realizar el dibujo del plano.

El dibujo del plano se iniciará trazando en un soporte adecuado dos ejes ortogonales y situando los puntos del levantamiento mediante sus respectivas coordenadas x, y, tomadas a la escala correspondiente, escribiendo junto a ellos los valores de sus cotas.

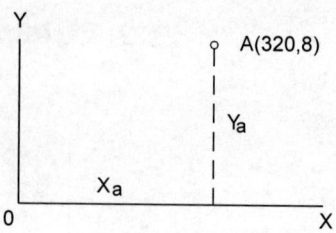

Luego, uniendo los puntos dibujados por el mismo orden en el que definían los detalles sobre el terreno, se obtendrá su representación gráfica. Esta representación recibe el nombre de *plano con puntos acotados.*

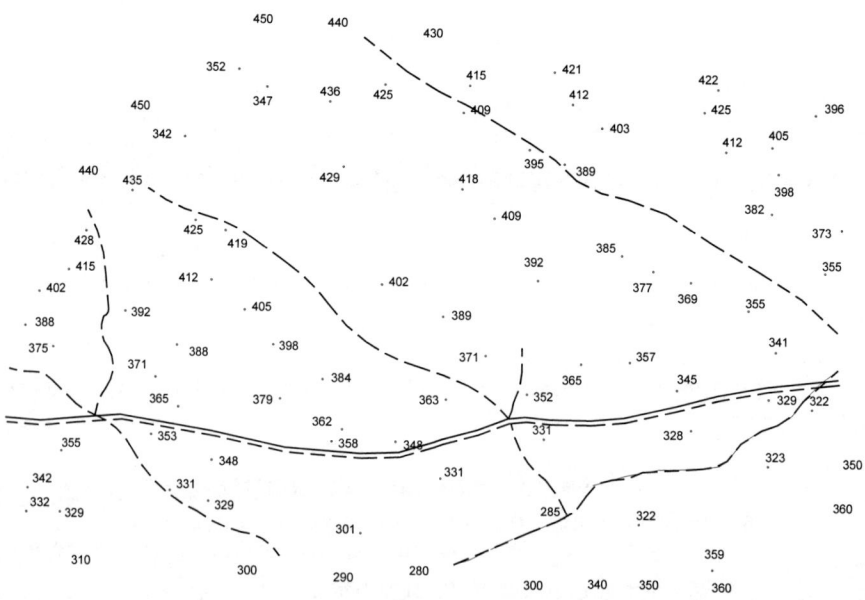

Un plano con puntos acotados, siempre que las cotas se refieran a puntos bien elegidos, es suficiente para resolver todos los problemas altimétricos que se puedan plantear. Tiene, sin embargo, el inconveniente de no proporcionar una representación gráfica del relieve del terreno.

La representación gráfica del relieve del terreno se obtiene dibujando sobre el plano con puntos acotados unas líneas denominadas *curvas de nivel*. Se tendrá entonces un *plano topográfico con curvas de nivel*.

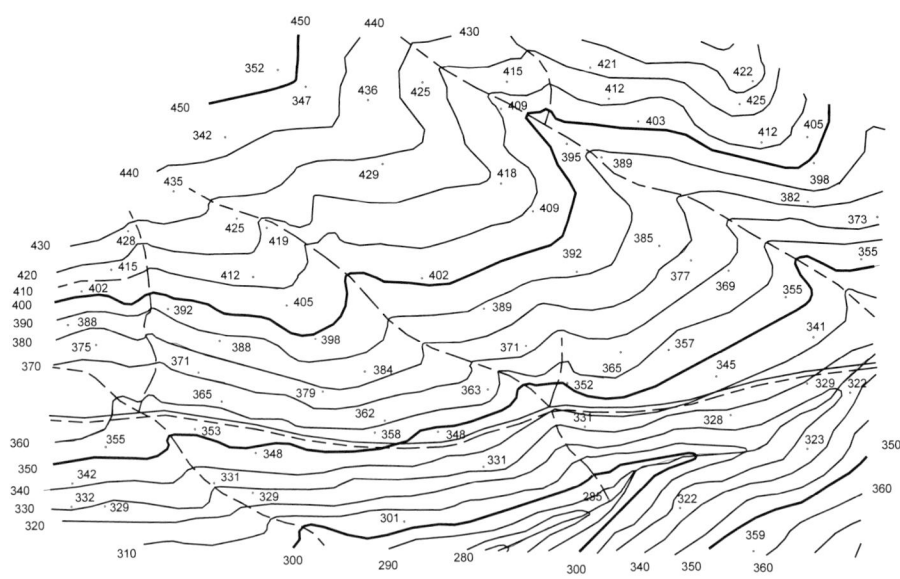

Curvas de nivel

Las curvas de nivel son los lugares geométricos de los puntos del terreno de igual cota. Vienen dadas por la proyección sobre el plano de comparación, de las intersecciones de la superficie del terreno con planos paralelos al de comparación y equidistantes entre ellos. Se emplean en los planos topográficos para representar las formas del relieve del terreno.

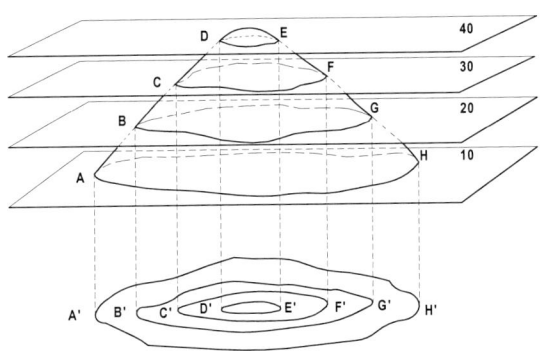

Se llama *Equidistancia* de una superficie topográfica, a la distancia vertical constante que separa dos secciones consecutivas. *Intervalo* es la longitud, medida sobre el plano, que separa dos curvas de nivel consecutivas.

Para poder representar el terreno mediante secciones horizontales, es necesario admitir que la superficie de terreno comprendida entre dos curvas sea la superficie reglada engendrada por una recta que resbale apoyándose sobre las curvas y manteniéndose normal a la inferior. Como este supuesto dista mucho de la realidad, es necesario establecer la equidistancia de las curvas en función de la escala del plano que se quiere obtener.

I.2.2. El lenguaje de las curvas de nivel

Según se ha indicado, las curvas de nivel se emplean en los planos para representar las formas del relieve del terreno. De la observación de la figura anterior se desprende que *una cumbre o elevación*, cerro en lenguaje topográfico, se representará mediante curvas de nivel concéntricas y cerradas, con cotas ascendentes hacia el centro.

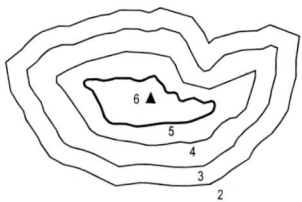

Si las curvas de nivel son concéntricas y cerradas y las cotas son descendentes hacia el centro, se tendrá la representación de *una hoya, sima o depresión.*

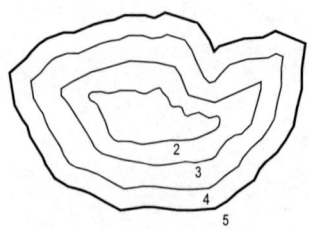

Un saliente en el terreno vendrá representado por la mitad de un cerro.

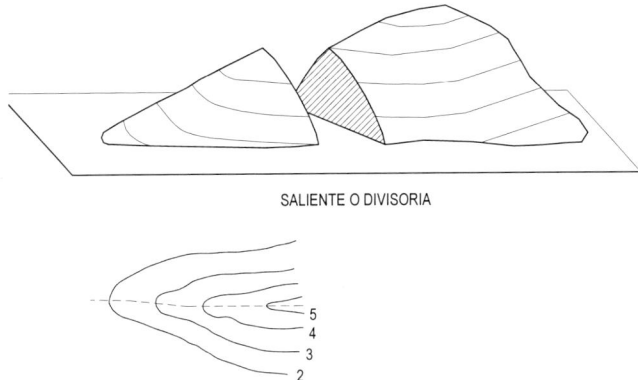

SALIENTE O DIVISORIA

Un *entrante* vendrá representado por la mitad de una hoya.

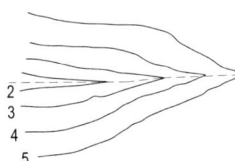

Una *ladera* es una sucesión de entrantes y salientes que originan una serie de vaguadas y divisorias. Se llama *divisoria*, a la línea de partición de aguas en dos vertientes. Y *vaguada*, a la línea que recoge el agua de dos vertientes.

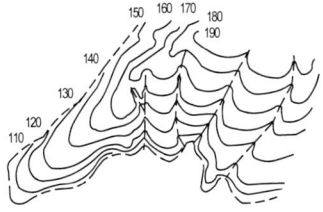
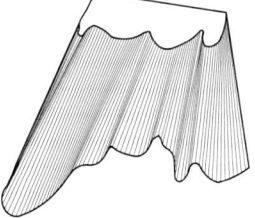

Un *collado* es la zona del terreno donde concurren dos vaguadas y dos divisorias. También se le denomina *puerto*.

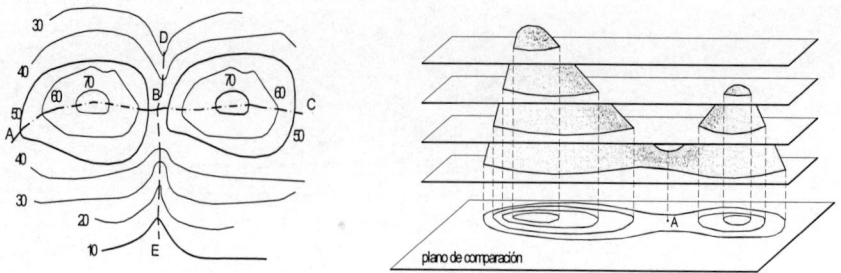

Se llama *línea de máxima pendiente* entre dos curvas de nivel: al segmento de menor longitud que une dos curvas consecutivas. La línea de máxima pendiente es perpendicular a la tangente a la curva en el punto de contacto.

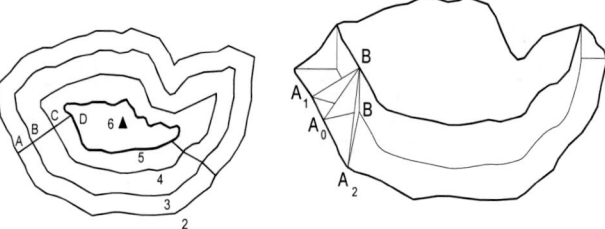

MÁXIMA PENDIENTE DEL TERRENO Ao-B

Se llama *pendiente del terreno* en un punto entre dos curvas de nivel: a la que tenga la línea de máxima pendiente que pasa por ese punto.

La forma de las curvas

Si las curvas de nivel están espaciadas en igual magnitud, esto indica que la pendiente es constante.

Si las curvas de nivel están muy juntas, es indicativo de fuerte pendiente.

Si las curvas de nivel están muy alejadas unas de otras, a igualdad de equidistancia, esto es indicativo de pendiente suave.

Si las curvas tienen muchas inflexiones, el terreno es movido y accidentado.

Dibujo de las curvas de nivel

Las curvas de nivel se obtienen siempre a partir de un plano con puntos acotados, uniendo con un trazo continuo puntos con la misma cota. En el plano deberán figurar solo las curvas de nivel cuyas cotas sean múltiplo de la equidistancia del plano.

Como los puntos que se tomaron en el campo y posteriormente se dibujaron en el papel responden a la necesidad de esquematizar el terreno, tendrán, casi siempre, cotas distintas de las que correspondan a las curvas de nivel que, con arreglo a la equidistancia, es preciso figuren en el plano. Será, por tanto, necesario efectuar una interpolación gráfica para que, apoyándose en las cotas conocidas de cada dos puntos contiguos, y con arreglo a la equidistancia, se puedan determinar los puntos de paso de las curvas correspondientes. Una vez obtenidos todos los puntos de paso de las curvas de nivel, uniendo los de igual cota se tendrá dibujada la curva.

En las figuras siguientes, se muestra el proceso de curvado a partir de un plano con puntos acotados.

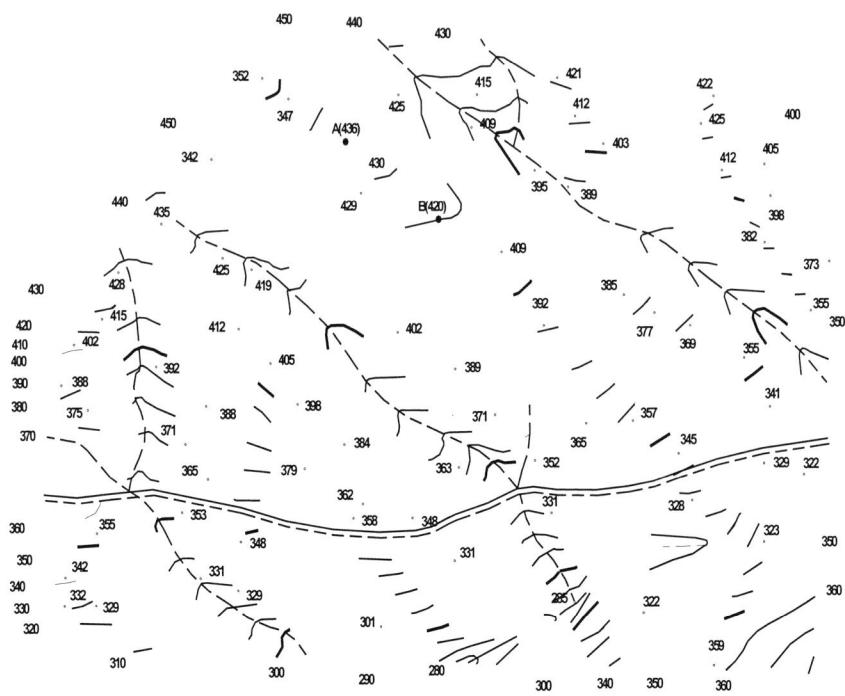

En la primera, se ha determinado los puntos de paso de las curvas de nivel para una equidistancia de 10 metros. Para ello se ha procedido del modo siguiente:

Se ha tomado pares de puntos contiguos en el terreno, el A y el B, por ejemplo, y se ha determinado a estima los puntos de paso de las curvas que hay entre ellos para equidistancia de 10 m, haciendo el siguiente razonamiento: Dado que el punto A tiene una cota de 436 y el punto B una cota de 420, entre ellos deben pasar las curvas de nivel 420 y 430. El punto de paso de la curva 420 no tiene ningún problema; esta curva pasa por el punto B que tiene de cota 420. El punto de paso de la curva 430 debe estar más cerca de A, que tiene cota 436, que de B, que tiene cota 420. Pero ¿cuánto más cerca? Dividiendo a ojo el segmento AB en 16 partes, diferencia entre las cotas de sus extremos, el punto de paso de la curva 430 deberá distar del punto A, de cota 436, seis de dichas partes y del punto B, de cota 420, diez de las partes.

Una vez determinados los puntos de paso de las curvas de nivel, basta unir los puntos de igual cota, para obtener el plano con curvas de nivel de la figura siguiente.

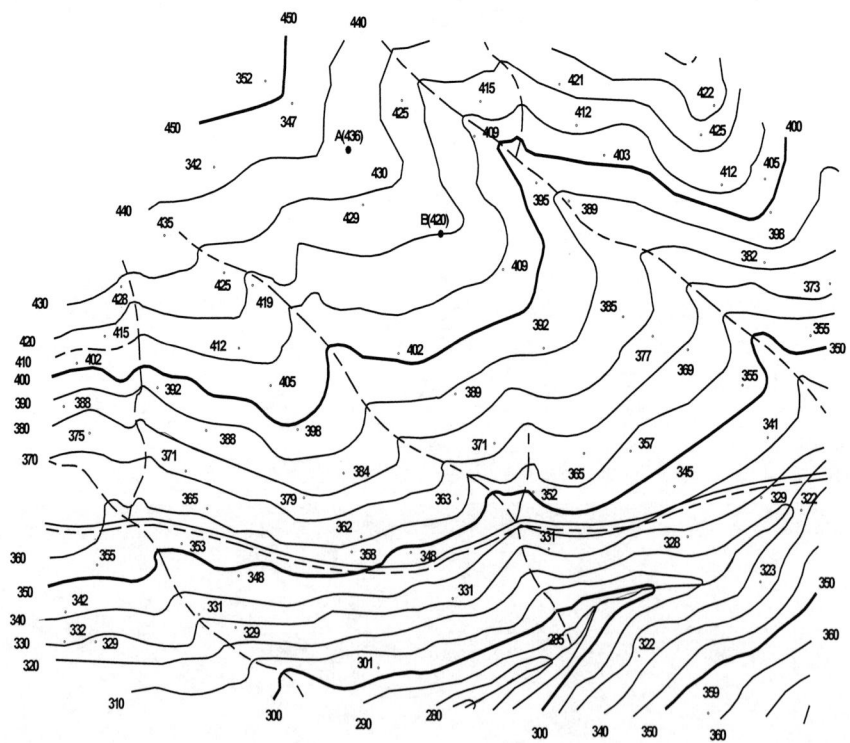

Condiciones que deben reunir las curvas de nivel

Las curvas de nivel pueden adoptar las formas más diversas según las infinitas posibilidades que ofrece la configuración del terreno, pero todas ellas han de cumplir las siguientes condiciones:

1.- Toda curva de nivel ha de ser cerrada.

2.- Dos curvas de nivel no pueden cortarse.

3.- Varias curvas pueden llegar a ser tangentes (caso de un acantilado).

4.- Una curva no puede bifurcarse.

5.- El número de extremos libres de curvas de nivel que queden al interrumpirse en los bordes de un plano ha de ser par.

Forma del terreno entre dos curvas de nivel consecutivas

Cuando se maneja un plano en el que el relieve del terreno está representado por curvas de nivel, no se tiene ningún elemento de juicio para establecer cuál es la verdadera forma del terreno entre dos curvas consecutivas. Por ello, se establece el criterio de considerar que *entre dos curvas de nivel consecutivas la pendiente del terreno es uniforme*, siendo conscientes, no obstante, de que en la realidad, la superficie topográfica nunca ofrecerá esta supuesta regularidad.

I.2.3. Lectura de planos con curvas de nivel

Sobre los planos topográficos con curvas de nivel, se pueden resolver diversos problemas de interpretación, basados todos ellos en el sistema de planos acotados. Veamos alguno de ellos:

Determinación de la cota de un punto del plano

Si el punto está situado sobre una curva de nivel, la cota de esta será la cota del punto.

Si el punto está entre dos curvas de nivel, será necesario referirlo a las curvas entre las que está situado. Para ello, se trazará la línea de máxima pendiente que pasa por el punto en cuestión y se la utilizará como charnela para realizar un abatimiento de la recta resultante (ab).

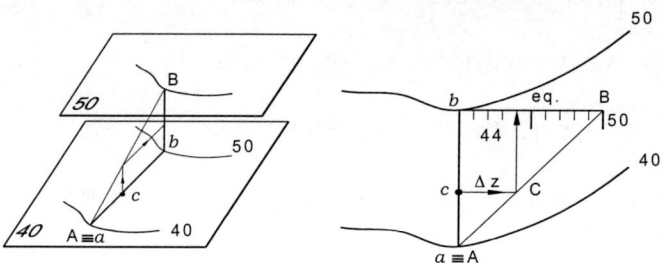

El punto a no se abatirá por pertenecer a la charnela. Para situar el abatimiento del punto b, bastará trazar una perpendicular a la línea ab por el punto b y tomar sobre ella una magnitud, a la escala correspondiente, igual a la equidistancia del plano, con lo que se obtendrá el punto B, abatimiento del b.

El abatimiento del punto c, cuya cota se pretende conocer, será la intersección de la perpendicular a ab trazada por c, con la recta aB abatida. La longitud cC, medida a la escala correspondiente, dará el desnivel de c respecto de a. Sumando este desnivel a la cota de a, se obtendrá la cota de c.

También se puede resolver numéricamente midiendo sobre el plano las distancias Ab y Ac y estableciendo en los triángulos semejantes ABb y ACc, la relación entre los catetos respectivos.

Sea l, la longitud, medida sobre el plano, de la recta Ab; y d la separación entre el punto de cota inferior, a, y el punto c cuya cota se quiere determinar. El desnivel de C respecto de A será:

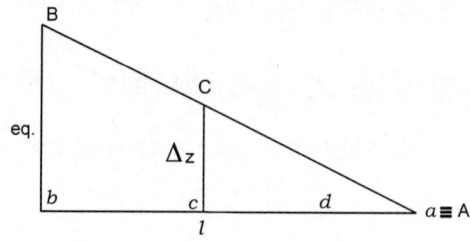

$$\Delta z = d\,\frac{eq.}{l}$$

Finalmente, para obtener la cota de C, bastará sumar a la cota de a el desnivel obtenido.

$$Z_C = Z_A + \Delta_z$$

Obtención de la distancia entre dos puntos del terreno

Para obtener sobre un plano la distancia reducida entre dos puntos del terreno, basta medir, a escala, la longitud del segmento que los une.

Si la distancia que se quiere obtener es la *geométrica*, se procederá como sigue:

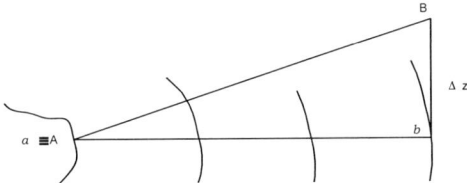

Se unen los puntos cuya distancia geométrica se quiere obtener. El segmento resultante (ab) es la distancia reducida d que se puede conocer midiéndola a escala sobre el plano. Se levanta por el punto de cota superior, el b en este caso, a escala, una perpendicular de longitud igual al desnivel entre los puntos a y b.

El segmento que une el punto a con el extremo de la perpendicular trazada por b es la recta AB en el espacio. Su longitud, medida a la escala correspondiente, es la distancia geométrica entre A y B que se pretendía obtener. Teóricamente, se ha abatido la recta ab sobre el plano horizontal que pasa por a.

Trazado sobre el plano de una línea de pendiente dada

El problema consiste en dibujar sobre un plano una línea que, además de cumplir otras condiciones (por ejemplo, que pase por un punto dado), mantenga una pendiente constante dada.

Sea un plano de escala *E= 1/m*. Sobre él se quiere dibujar una línea que, partiendo de un punto *a*, tenga sobre el terreno una pendiente *p*.

En primer lugar, será necesario obtener la longitud del intervalo, *i*, que es la distancia que, medida sobre el plano, deberá separar el punto *a* de otro situado en la curva inmediatamente superior para que la recta que los una tenga la pendiente dada *p*.

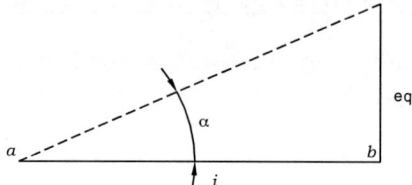

El intervalo es función de la equidistancia y de la pendiente. Para un plano dibujado a escala 1/m, se puede determinar numéricamente mediante la expresión:

$$i = \frac{eq.}{p \cdot m}$$

puesto que se verifica que:

$$p = tag\ \alpha = \frac{eq.}{i}$$

También se puede obtener gráficamente, construyendo el denominado: "triángulo elemental de la recta".

Ejemplo

Obtener gráficamente el intervalo correspondiente a una pendiente 2/3, para una equidistancia de 5 metros y escala 1:500.

Solución

Primero, se traza una recta de pendiente 2/3. Para ello se dibuja un triángulo rectángulo cuyo cateto horizontal tenga una longitud de 3 unidades y el cateto vertical tenga 2. La hipotenusa de este triángulo será una recta de pendiente 2/3.

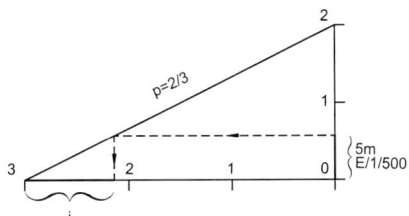

Luego, a escala 1:500, se lleva sobre el cateto vertical la longitud correspondiente a la equidistancia, 5 metros en este caso, y se traza por el extremo de dicha longitud una paralela al cateto horizontal. Esta paralela se prolongará hasta que corte a la hipotenusa.

Finalmente, proyectando el punto de corte sobre el cateto horizontal, se obtiene el intervalo buscado.

Una vez determinado el intervalo, para dibujar en el plano la línea pedida, bastará trazar un arco de radio igual a i, y centro en el punto a. El punto donde el arco corte a la curva superior, unido con el punto dado a, dará la línea pedida.

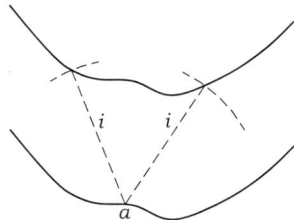

Obtener el perfil de una alineación dada

Un perfil a lo largo de una alineación es la figura que representa al terreno cortado por el plano vertical que contiene a dicha alineación.

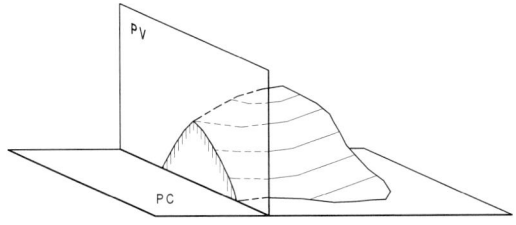

29

Para obtener sobre un plano con curvas de nivel un perfil a lo largo de una alineación dibujada en el plano, la AG por ejemplo, se procede como sigue:

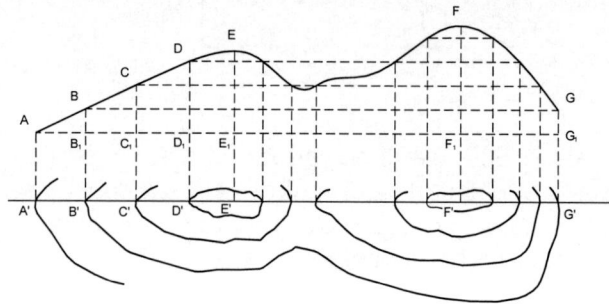

Por los puntos en que dicha recta corta a las curvas de nivel, se levantan perpendiculares a la misma. Sobre estas, a partir de una recta horizontal cualquiera AG_1 (que puede ser la misma AG), se llevan, a la escala correspondiente, segmentos iguales a las diferencias de nivel de los puntos B, C, D..., respecto de A, que son conocidos por estar los puntos sobre curvas de nivel. Uniendo los extremos de dichos segmentos, se obtiene el dibujo del perfil.

Cuando la escala empleada para representar las diferencias de nivel es la misma del plano, se obtiene un perfil natural en el que pueden evaluarse las diferentes pendientes. Su aspecto es el mismo que presentaría el terreno visto desde un punto situado en dirección normal al plano del perfil.

Como el contorno del perfil suele ser muy suave, y no se puede apreciar bien en él el relieve del terreno, es necesario, en la mayoría de las ocasiones, exagerarlo, empleando una escala de altitudes mayor que la del plano. El perfil que se obtiene de este modo es un perfil realzado. En estos, las pendientes que resultan no son las que corresponden a la del terreno, sino tantas veces mayores como lo es la escala de altitudes respecto a la del plano.

Determinación de la altura de una señal

Una interesante aplicación de los perfiles es la determinación de la altura a que ha de colocarse una señal en un punto dado a, para que sea visible desde otro punto dado b.

Para ello, una vez dibujado el perfil, se trazará desde el punto b una tangente representativa de la visual, que cortará a la vertical levantada en a en un punto. La altura de ese punto al suelo será la mínima que puede darse a la señal.

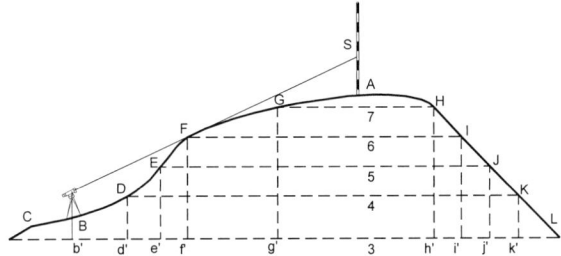

Determinación de zonas vistas y ocultas

Una aplicación derivada de la anterior es el dibujo de zonas vistas y ocultas (desenfiladas) desde un punto.

Para ello, será preciso construir un haz de perfiles que se unan con el observatorio P. En cada uno de ellos se trazan desde P todas las tangentes posibles a las elevaciones del terreno, obteniéndose una serie de rectas PA PB PC, etc., cada vez de menor pendiente, que cortan al terreno, respectivamente en A', B', C', etc.

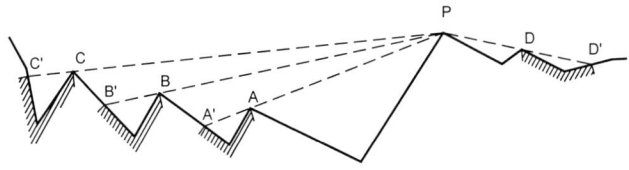

Los tramos *A'B, B'C*, etc., están formados por puntos visibles del terreno, y el resto serán zonas ocultas. Estos segmentos se sitúan sobre el plano, logrando así segmentos vistos y ocultos desde *P*. Uniendo estos segmentos se determinan zonas en el mapa con tanta mayor precisión cuanto más próximas estén las secciones.

I.2.4. Mínima dimensión representable en un plano

Se admite que la vista humana normal puede alcanzar a percibir sobre un papel longitudes de hasta 0.2 milímetros. De este hecho se deriva una conclusión de gran importancia en los levantamientos topográficos, y es la necesidad de tener siempre presente la mínima dimensión del terreno que tiene representación gráfica en el plano que se quiere levantar, ya que *solo se deben tomar en campo los elementos cuyas dimensiones tengan representación gráfica.*

La mínima dimensión del terreno que tiene representación gráfica en un plano de escala *1/M* se obtiene multiplicando el límite de percepción visual, 0.2 milímetros, por el denominador de la escala (*M*).

Así, si se fuese a dibujar el plano topográfico, por ejemplo, una escala, E=1/25.000, la mínima dimensión que tiene representación gráfica sería:

0.0002 m x 25.000 = 5 metros

por lo tanto, objetos y detalles menores de 5 metros no tendrían representación dimensional en el plano. Si fuese necesario representar un detalle de dimensión inferior a 5 metros, habría que hacerlo mediante un punto y un signo convencional.

Si la escala fuese, por ejemplo, E=1/1000, entonces:

0.0002 m x 1000 = 0.2 metros

por consiguiente, todos los objetos y detalles mayores de 20 cm tendrían representación dimensional en el dibujo.

I.3. OPERACIONES BÁSICAS DE CAMPO

I.3.1. Señalamiento de puntos

En los trabajos topográficos de campo es necesario señalar sobre el terreno los puntos del levantamiento. Existen infinidad de sistemas para ello: jalones, banderolas, estacas, clavos, placas metálicas, señales grabadas en rocas nativas, prefabricados, camillas, mojones, hitos, pilares de hormigón, etc.

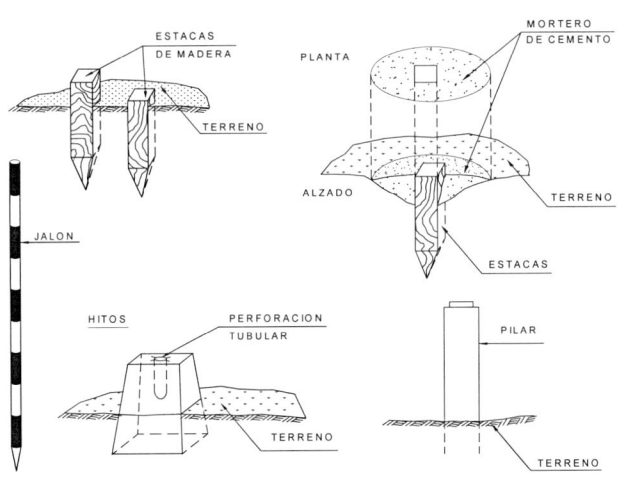

En general, el tipo de sistema empleado para señalar los puntos dependerá de la índole del trabajo y del tiempo que la señal deberá permanecer sobre el terreno.

Para los puntos que sea necesario tener mucho tiempo señalados, es conveniente hacer una referencia de su situación, con indicación de su distancia a otros puntos fijos y permanentes del terreno: guardacantones, esquinas de edificios, alcantarillas, cruces de vías de comunicación, etc.; con el fin de poder reponerlos en caso de que desaparezca la señal.

I.3.2. Alineación de puntos

Se trata de situar sobre el terreno puntos intermedios pertenecientes a una alineación recta de la que solo se tienen señalados los extremos.

Si el terreno fuese llano y la longitud de la alineación recta no excesiva, el problema se podrá resolver fácilmente colocando entre los puntos extremos de la alineación un hilo bien tenso. Dicho hilo materializará sobre el terreno la alineación.

Si la longitud de la alineación fuese excesiva para el empleo del hilo tenso, será necesario emplear otros procedimientos. Existe uno, muy elemental, basado en el principio de que una visual se prolonga siempre en línea recta:

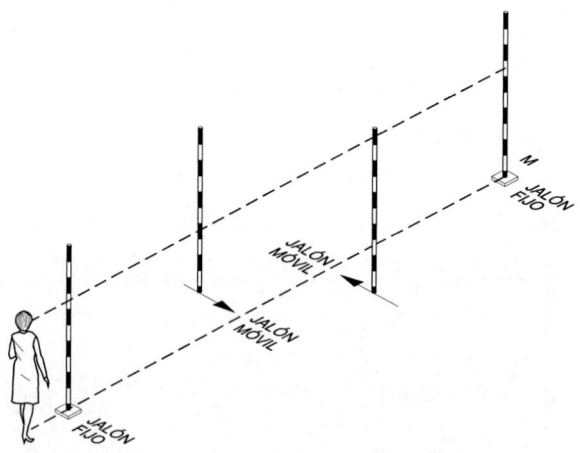

Sean dos puntos del terreno, *A* y *M*, entre los que se quiere alinear una serie de puntos intermedios. Colocados dos jalones bien verticales en *A* y *M*, un operador se situará a unos dos metros del jalón *A* de forma que vea al jalón *M* tapado por el *A*. El otro operador irá avanzando desde *M* hacia *A* clavando nuevos jalones en *D*, *C*, *B*, etc., según las indicaciones que le haga el operador situado en *A*. Este operador deberá ver tapados por el jalón *A* todos los nuevos jalones que se vayan colocando.

Finalizada la operación, si la alineación está bien hecha, el operador situado en *A* al desviar la cabeza a uno y otro lado, verá aparecer los jalones en el mismo orden en que se hallen colocados.

I.3.3. Medida directa de distancias

Se dice que una magnitud se ha medido directamente, cuando se ha determinado su cantidad por comparación con otra que se toma como unidad.

Para medir directamente distancias sobre el terreno se emplean en la actualidad cintas métricas de diversos materiales: tela, plástico, fibra de vidrio, metálicas, etc. Las de tela y plástico sufren fácilmente deformaciones como consecuencia de la tracción, por lo que solo deben ser usadas para obtener medidas de escasa precisión.

Las metálicas pueden ser de dos tipos: cintas para medidas estándar y cintas de alta precisión para obtener medidas con un muy pequeño margen de error. En cualquiera de los dos casos, una cinta metálica es un instrumento de precisión.

La forma más sencilla y cómoda de medir una distancia con cinta métrica es colocar la cinta tensa y totalmente apoyada en el suelo. Si el terreno fuese ondulado o hubiera algún tipo de obstáculo, no habrá más remedio que situarla levantada y tensa, soportada únicamente por sus extremos, teniendo cuidado de que la catenaria (curva originada por su propio peso) que forme sea lo más pequeña posible.

Cuando la distancia que se quiera obtener sea una distancia reducida, que es una distancia medida sobre el plano horizontal, habrá que realizar la medida con la cinta colocada horizontalmente. De no hacerlo así, habrá que calcular la reducida correspondiente a partir de la distancia medida y del coseno del ángulo de inclinación de la cinta.

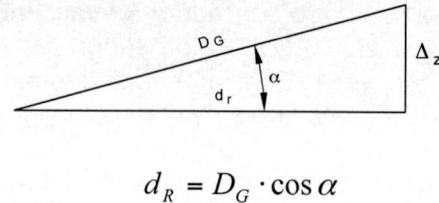

$$d_R = D_G \cdot \cos \alpha$$

Otra forma de obtener una reducida es mediante la determinación del desnivel entre los extremos del segmento medido, y aplicación de la igualdad:

$$d_R = \sqrt{D_G^2 - \Delta z^2}$$

Si la distancia a medir fuese mayor que la longitud de la cinta, las mediciones se harán entre puntos intermedios, tomando como valor final la suma de las longitudes de cada tramo. En este caso, los puntos intermedios deben estar perfectamente alineados con los extremos.

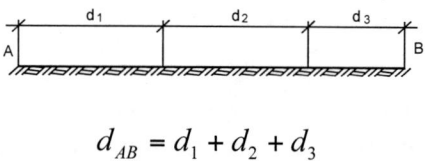

$$d_{AB} = d_1 + d_2 + d_3$$

Errores en las medidas con cinta

Al medir distancias con cinta se cometen varios errores que se deben, en primer lugar: a la falta de alineación de la cinta, al no colocarla exactamente en la alineación que se trata de medir; a la errónea reducción al horizonte de las medidas naturales obtenidas; y a la imprecisión con que se pone la cinta una a continuación de otra. En segundo lugar, hay que considerar el error debido a la aplicación de tensiones inadecuadas en los extremos de la cinta, el procedente de la falta de exactitud en la longitud de esta, y finalmente, los errores de lectura en el origen y extremo de la alineación medida.

En estos errores, que se comportan, en parte como sistemáticos, y en parte como accidentales, influye notablemente la configuración del terreno; por lo que es muy difícil establecer un sistema exacto para su determinación.

El profesor Lorber, después de varias experiencias, estableció, para la cinta metálica estándar, las siguientes expresiones empíricas como valor del error medio cometido:

-   En terreno fácil, $E = 0{,}00032L + 0{,}0022\sqrt{L}$

-   En terreno difícil, $E = 0{,}00032L + 0{,}0078\sqrt{L}$

Siendo L, la longitud medida.

Estos valores corresponden a unos errores relativos de: 54/100.000, en el primer caso; y 11/10.000, en el segundo.

Calibración de cintas métricas

Dado que es imposible fabricar una cinta métrica cuya longitud sea correctamente exacta, para realizar medidas de precisión con ellas es necesario establecer previamente su longitud exacta, comparándola con otra cinta patrón de longitud conocida. Esta operación se conoce con el nombre de *calibración*. Normalmente las únicas cintas que se calibran son las metálicas.

I.4. MÉTODOS PLANIMÉTRICOS ELEMENTALES

Dentro de este apartado se incluyen dos procedimientos sencillos mediante los cuales se pueden obtener planos empleando únicamente jalón y cinta métrica, sin necesidad de realizar ningún cálculo posterior. Su aplicación pasa por el establecimiento sobre el terreno de alineaciones rectas cuyas longitudes se miden, posteriormente, con la cinta métrica. Se emplean habitualmente para levantamientos de pequeña entidad.

Al emplear los métodos elementales deberá tenerse en cuenta que estos únicamente son válidos en el plano horizontal, por lo que las distancias y longitudes a las que se hace referencia deberán ser siempre las reducidas.

I.4.1. Método de abscisas y ordenadas

Este método es muy adecuado para el levantamiento de elementos lineales, encontrando su principal aplicación en el levantamiento de plantas de fachadas y paramentos.

Consiste en determinar la posición de los puntos del terreno, relacionándolos mediante abcisas y ordenadas con una recta que se toma como referencia

La operación de campo consistirá en establecer, en las proximidades del elemento que se quiere levantar, una alineación recta en la que se señalará un punto que se tomará como origen de abscisas. Luego, desde los puntos singulares del elemento a representar se trazarán perpendicu-lares a la citada alineación, midiéndose las longitudes de dichas perpendiculares y las distancias de sus pies al punto que se ha tomado como origen de abscisas. Las longitudes de las perpendiculares serán las ordenadas de los puntos, siendo las abscisas las distancias medidas sobre la alineación.

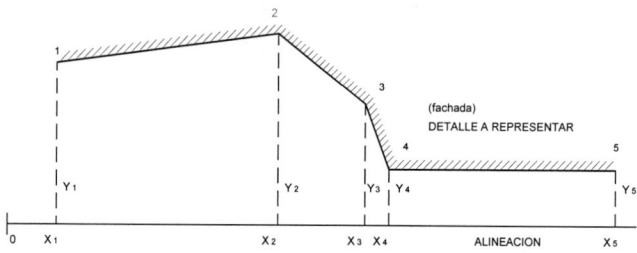

Los valores numéricos de las longitudes medidas se deben consignar en un croquis al tiempo que se hacen las mediciones. Además de las abscisas y ordenadas de los puntos, es conveniente medir sobre el elemento la distancia entre cada dos puntos consecutivos, con el fin de disponer de una comprobación del trabajo.

A partir de los datos de campo, la obtención del plano es inmediata.

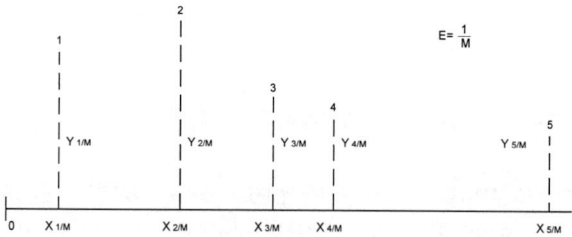

Bastará dibujar sobre un papel una recta cualquiera, que se tomará como eje de abscisas, y señalando un punto de ella como origen, ir situando los distintos puntos del levantamiento mediante el trazado a escala de los valores de sus respectivas abscisas y ordenadas. Uniendo luego, de acuerdo con el croquis, los puntos dibujados, se tendrá finalmente el plano del elemento levantado.

I.4.2. Método de descomposición en triángulos

Este método, denominado popularmente *triangulación*, se emplea, habitualmente, para realizar el plano y calcular la superficie de solares y pequeñas parcelas. También se emplea para obtener planos de habitaciones y distribución de interiores.

Para realizar el plano de un solar, tal como el $ABCDE$, se señalan en el terreno alineaciones rectas de modo que descompongan el solar en triángulos, de los que se medirán directamente todos sus lados. Los valores de las longitudes medidas, junto con la situación de los triángulos, se consignarán en el croquis correspondiente.

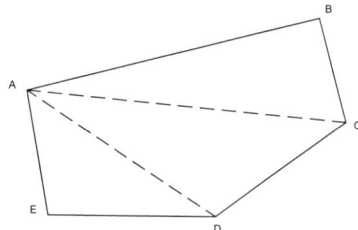

Luego en gabinete, sobre un papel, se dibujarán triángulos semejantes a los del terreno, e igualmente dispuestos, tomando como razón de semejanza la escala. Con ello se tendrá el plano en cuestión.

Si se quiere conocer la superficie del solar, bastará calcular las áreas de los distintos triángulos en que se ha descompuesto y sumarlas. Estas áreas se calcularán mediante la fórmula que permite obtener el área de un triángulo en función de las longitudes de sus lados.

I.4.3. Aplicación de los métodos

Normalmente al hacer un levantamiento no se empleará exclusivamente uno de los métodos indicados. Lo normal es que haya que emplear ambos simultáneamente. Por ejemplo, en el levantamiento anterior, los lados del solar que no sean rectos se levantarán mediante el método de abscisas y ordenadas, utilizando como eje de abscisas el lado de uno de los triángulos previamente levantados.

En cualquier caso, al proceder al levantamiento, deberá tenerse siempre en cuenta las siguientes premisas:

- *No dar nada por supuesto.* Solo se debe dibujar aquello que realmente se haya medido.

- *Limitar al máximo el encadenamiento de operaciones.* Un punto se considerará tanto mejor determinado cuanto menor sea el número de operaciones escalonadas que hayan sido precisas para levantarlo.

- *No acumular medidas parciales para obtener una longitud total.* Varias medidas encadenadas siempre han de ser tomadas sucesivamente desde un mismo origen. Cada aplicación encadenada de un instrumento de medición implica el riesgo de acumular errores.

- *Tomar siempre medidas de control.* Nunca deben tomarse los datos estrictamente necesarios para resolver la geometría del elemento objeto del levantamiento. Deben tomarse siempre medidas redundantes que sirvan para controlar el resultado de las primeras.

- *Establecer límites máximos para las alineaciones y perpendiculares del levantamiento.* Longitudes excesivas implican errores inadmisibles que hacen inadecuados los métodos elementales.

II. INSTRUMENTOS TOPOGRÁFICOS

II.1. EL TAQUÍMETRO

Se denomina *taquímetros* a los instrumentos topográficos que permiten, al mismo tiempo, realizar punterías, cifrar valores angulares en los planos horizontal y vertical, y medir distancias indirectamente por procedimientos ópticos. Los taquímetros son, en la actualidad, instrumentos electrónicos.

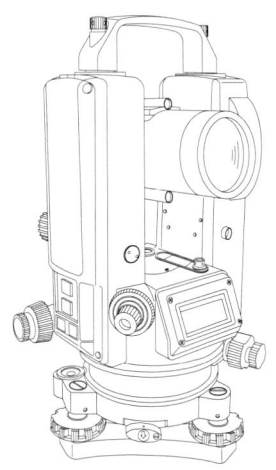

II.1.1. Constitución general de un taquímetro

La figura siguiente muestra de forma esquemática la constitución de un taquímetro. En esencia, se compone de:

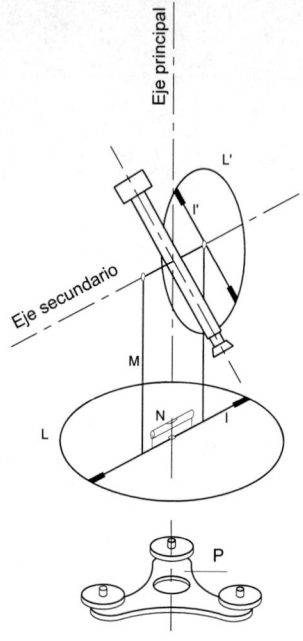

- Un círculo horizontal móvil, *L*, llamado *círculo acimutal*, giratorio sobre una base de sustentación *P*, que dispone de un nivel, *N*, que sirve para asegurar su horizontalidad.

- Una elemento móvil de puntería, denominado *alidada*, constituido por un soporte en forma de horquilla, *M*, y un anteojo. Situada sobre el círculo horizontal, puede girar alrededor de un eje vertical. Al girar, arrastra dos sensores diametralmente opuestos, *I*, que sirven para medir electrónicamente los valores angulares del círculo. El anteojo puede girar alrededor de un eje horizontal describiendo en su giro un plano vertical.

- Un círculo vertical y fijo, *L'*, llamado *eclímetro*, situado sobre la alidada. Está centrado en el eje de giro del anteojo que al girar arrastra otros dos sensores, *I'*, que miden electrónicamente los valores angulares.

A los círculos se les llama también *limbos*. Los valores angulares horizontal y vertical que miden son los correspondientes a las punterías realizadas con el anteojo. Carecen de graduación tradicional. La medición electrónica de ángulos se realiza captando señales que posteriormente son transformadas en digitales mediante un codificador, presentando los resultados en una pantalla de cuarzo líquido.

En un taquímetro se consideran dos ejes mecánicos:

- *Eje principal*. Es el eje vertical alrededor del cual gira la alidada. Por construcción es perpendicular al plano del círculo horizontal y pasa por su centro.

- *Eje secundario*. Es el eje horizontal alrededor del cual gira el anteojo. Es perpendicular al eje principal y pasa por el centro del eclímetro (círculo vertical).

II.1.2. Trípodes y plomadas

Para manejar cómodamente en campo el taquímetro, se sitúa sobre un trípode al que se fija mediante un tornillo.

El trípode puede ser de madera o metálico. Tiene patas extensibles terminadas en regatones metálicos para su fijación en el terreno.

El conjunto taquímetro-trípode, hay que colocarlo sobre la vertical del punto del terreno desde el cual se van a practicar las mediciones (*punto de estación*). A tal fin dispone de dos plomadas: una física de cordón y otra óptica.

La plomada óptica, consistente en un visor de aumento a la alidada adosado en posición horizontal. El visor tiene una cruz grabada en el ocular, y un prisma intermedio de reflexión total que quiebra en ángulo recto la visual dirigiéndola a la señal que marca sobre el terreno el punto sobre el que se quiere situar el aparato.

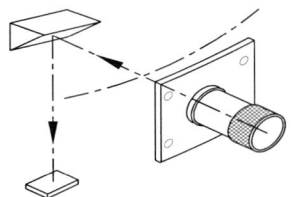

II.1.3. Tornillos de presión y coincidencia

La figura siguiente muestra la sección vertical de un taquímetro:

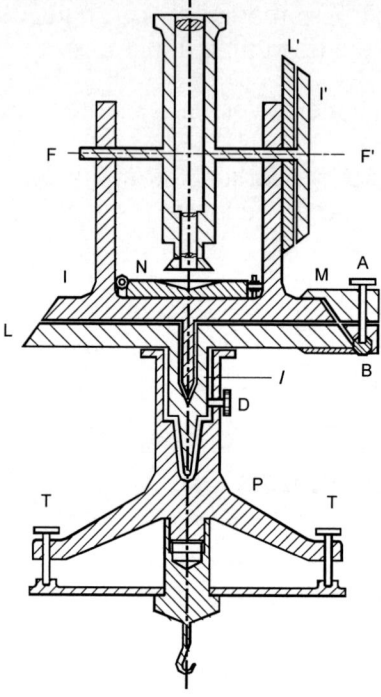

En ella se aprecia que los ejes cilíndricos del círculo horizontal (L) y de la alidada son concéntricos y van embutidos en la columna de la plataforma. Por ello, son susceptibles de girar independientemente, alrededor del eje principal, lo que hace necesario fijarlos para inmovilizar el aparato en la dirección de puntería.

A este efecto, los aparatos llevan unos tornillos denominados de *presión* (también llamados macros o frenos), mediante los cuales se fijan los elementos móviles o se hacen solidarios dos elementos independientes. Normalmente, los taquímetros disponen de dos de tornillos de presión para fijar el movimiento de giro horizontal. Uno de ellos (A), situado por encima del círculo horizontal (L), une la alidada con dicho círculo. El otro (D), situado por debajo del círculo horizontal, inmoviliza a este.

Asociados con los de presión, llevan otros tornillos denominados de *coincidencia* (algunos los llaman micros), que actúan una vez fijados los elementos móviles mediante los tornillos de presión, permitiendo al manipularlos un desplazamiento lento y limitado de uno de los elementos respecto del otro.

Para fijar el movimiento vertical del anteojo alrededor del eje secundario, también se dispone de los correspondientes tornillos de presión y coincidencia.

II.1.4. La plataforma nivelante

Una vez colocado el conjunto taquímetro-trípode sobre la vertical del punto de estación con el auxilio de las plomadas, es preciso situar el instrumento de forma que el eje principal quede en posición vertical con la mayor exactitud posible.

A este efecto, los taquímetros llevan la denominada: *plataforma nivelante*, constituida por una plataforma de sustentación, P; tres tornillos, los *tornillos nivelantes*, que permiten bascular la plataforma, y uno o dos niveles, denominados *principales* o del plato, que permiten situar la plataforma en posición horizontal y, por consiguiente, el eje principal en posición vertical.

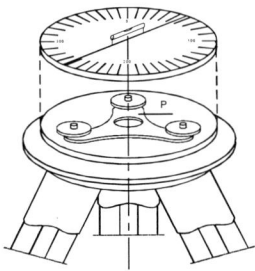

Los niveles principales pueden ser electrónicos o de aire, dependiendo del fabricante y de las características del instrumento.

Constitución del nivel de aire

Un nivel de aire está constituido por un tubo de vidrio de forma tórica de muy escasa curvatura, cerrado por sus extremos. El tubo va casi lleno de líquido, dejando una burbuja de aire que ocupará siempre la parte más alta del tubo.

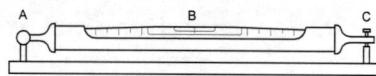

Sobre el tubo de vidrio van grabadas unas divisiones de *2* mm, simétricamente situadas respecto a una marca central (*b*). Cuando la burbuja coincide con los trazos centrales grabados en el tubo de vidrio, se dice que el nivel está *calado*. Se llama calar un nivel: a llevar la burbuja a la posición central. Cuando un nivel está calado, su directriz es horizontal. (*Directriz de un nivel* es la recta tangente al nivel en el punto central del tubo). Si la base del nivel es paralela a la directriz, también quedará horizontal.

En los taquímetros, los niveles de aire van situado sobre la alidada en un alojamiento metálico abierto por arriba. La base del alojamiento es, por construcción, paralela a la directriz. En consecuencia, cuando el nivel está calado la base del alojamiento está en posición horizontal. Uno de los extremos del nivel, *A*, gira alrededor de un eje y el otro lleva un tornillo que sirve para corregir el nivel. Este tornillo se llama: *tornillo de corrección*. Tiene como función mantener el paralelismo entre directriz y base del nivel.

Descripción del nivel electrónico

El nivel electrónico se maneja mediante las teclas de función. Consiste en dos iconos que aparecen en la pantalla digital del taquímetro cuando se activa la función correspondiente. Los iconos simbolizan dos niveles tubulares de aire. El calado de estos niveles virtuales se debe realizar girando los tornillos de la plataforma nivelante.

Una vez calados los niveles, es necesario desconectar la función de nivelación para iniciar la toma de datos. Ello ocasiona que los iconos desaparezcan de la pantalla. Si durante el uso del instrumento se produjese un desnivelado accidental, aparecerá en la pantalla un mensaje indicando tal circunstancia. La indicación desaparecerá cuando el usuario vuelva a nivelar el aparato.

Nivel descorregido

Se dice que un nivel está *descorregido*, cuando al girar un instrumento alrededor del eje principal, después de haber realizado correctamente la operación de horizontalización del aparato, la burbuja se desplaza de su posición central.

La comprobación es inmediata: una vez lograda la verticalización del eje principal, se hace girar lentamente el instrumento, debiendo permanecer la burbuja permanentemente centrada. Si esto no ocurre, el nivel está descorregido y su directriz no es paralela a la base de sustentación del taquímetro.

Sensibilidad de un nivel

Es un parámetro que indica la exactitud con la que un determinado nivel consigue verticalizar el eje principal de un taquímetro. Se define como: *el ángulo de giro, expresado en segundos, necesario para que la burbuja del nivel se desplace una división (2 mm)*. A mayor valor de sensibilidad, menor exactitud en la horizontalización.

El valor de la sensibilidad de los niveles que se emplean habitualmente en los aparatos topográficos, oscila entre *1'* y *20"*. Por encima de *1'* de sensibilidad la puesta en estación adolece de poca exactitud. Por debajo de *20"*, las dificultades para calar la burbuja van creciendo aceleradamente.

Niveles esféricos

Además de los niveles principales, los taquímetros llevan un nivel esférico de aire. Está constituido por una caja cilíndrica, cerrada por una tapa de vidrio en forma de casquete esférico, y con su correspondiente burbuja. En la tapa llevan grabada una o varias circunferencias concéntricas que sirven de referencia para el centraje de la burbuja.

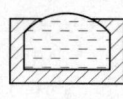
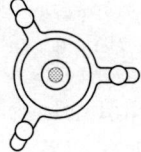

Los niveles esféricos se emplean como auxiliares de los tubulares ya que son menos precisos que estos. Su valor de sensibilidad oscila entre *3'* y *6'*.

II.1.5. El anteojo estadimétrico

Los taquímetros están provistos de un anteojo especial, denominado *estadimétrico* que, además de facilitar la colimación (puntería) de los puntos del terreno, permite medir distancias indirectamente por procedimientos ópticos.

El anteojo estadimétrico es, básicamente, un anteojo astronómico normal al que se le ha asociado un dispositivo especial, llamado *retículo estadimétrico*. Este dispositivo consistente en una lámina de cristal dispuesta sobre una montura metálica que permite centrarlo con el eje geométrico del anteojo. En la lámina están grabadas dos líneas ortogonales llamadas hilos y que constituyen la cruz filar. Paralelos al hilo horizontal de la cruz, y simétricamente dispuestos respecto a él, lleva otros dos hilos llamados: superior e inferior. En la figura siguiente se presentan distintos modelos de retículos.

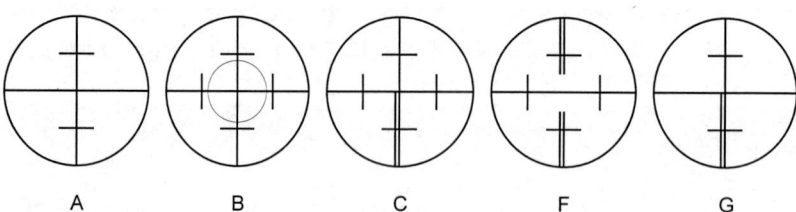

A   B   C   F   G

La disposición del sistema de lentes y retículo es la siguiente:

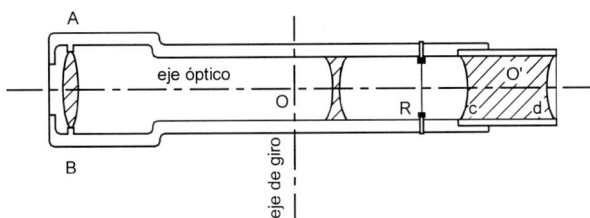

-   La lente objetivo, AB, va instalada en uno de los extremos de un tubo cilíndrico, O. En las inmediaciones del otro extremo se sitúa, sujeto por unos tornillos, el retículo R.

-   En el extremo opuesto al objetivo penetra a presión un segundo tubo móvil, O'. Este segundo tubo lleva el sistema óptico cd del ocular. Girándolo se varía la distancia entre el ocular y el retículo, con el fin de que cada operador, dependiendo de su vista, pueda ver nítidamente el retículo.

-   Entre objetivo y el retículo se instala una tercera lente móvil que, accionada por un tornillo, llamado *tornillo de enfoque,* se desplaza en el interior del anteojo. Su objeto es lograr que la imagen del objeto visado se forme siempre en el plano del retículo, independientemente de la distancia que haya entre el anteojo y el objeto visado. (En un anteojo normal la posición del plano donde se forma la imagen es variable y depende de la distancia entre el objeto y el anteojo).

En un anteojo estadimétrico se consideran dos ejes:

-   *Eje óptico*: Es la recta que pasa por los centros ópticos del objetivo y del ocular.

-   *Eje de colimación*: Es la recta que por pasa por los centros del objetivo y de la cruz filar. Es el que materializa las visuales dirigidas a través del anteojo. Coincide con el eje geométrico del anteojo.

Paralaje óptica

En un anteojo estadimétrico correctamente enfocado, el plano de la imagen real dada por el objetivo coincide exactamente con el plano del retículo. Cuando esto no sucede así, se produce lo que se llama *paralaje óptica*, consistente en que imagen y retículo están en dos planos paralelos no coincidentes. La paralaje óptica se localiza por haber variación de los puntos de la imagen en que aparecen proyectados los hilos del retículo, a poco que se mueva el ojo en sentido paralelo a los mismos.

II.1.6. Cifrado electrónico de ángulos

Las dos lecturas angulares correspondientes a las punterías realizadas con el anteojo se visualizan digitalmente de forma simultánea en una pantalla de cristal líquido.

$$v \quad 74.41.30 \; _0$$
$$H \quad 0.00.00 \; _0$$

Como quiera que los círculos no están graduados y que el cifrado de los valores angulares se realiza electrónicamente a través de unos sensores sobre los círculos, los valores angulares se pueden expresar, a elección del operador, en unidades sexagesimales o centesimales. Además, las lecturas horizontales se pueden desarrollar (crecer) en el sentido de las agujas del reloj o en sentido contrario, a elección del operador.

Por otro lado, la línea *0-200* del círculo vertical se puede situar, también a criterio del operador, en cualquiera de las dos posiciones que se indican en la figura siguiente.

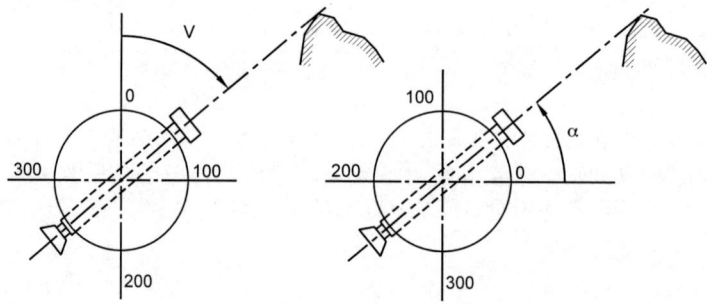

Cuando la línea *0-200* se ha colocado vertical con el cero arriba, los valores angulares obtenidos se denominan *distancias cenitales (V)*. Si dicha línea se ha situado horizontalmente, los valores angulares se denominan *alturas de horizonte (α)*.

Además, la introducción de circuitos electrónicos permite a los taquímetros electrónicos ofrecer una serie de prestaciones complementarias que los hacen muy versátiles. Entre las prestaciones complementarias que habitualmente ofrecen los taquímetros electrónicos, se encuentran las siguientes:

- Tecla para la puesta a cero de la lectura horizontal en cualquier posición de la alidada.

- Posibilidad de trabajar con pendientes en vez de ángulos verticales.

- Lecturas repetitivas de un determinado valor.

- Iluminación eléctrica de la pantalla y del retículo mediante una tecla.

- Zumbador que suena cuando la lectura horizontal pasa por los valores de *0, 100, 200* y *300* gon.

- Mensajes de error en la pantalla digital.

- Etc.

II.2. DISPOSITIVOS DE MEDIDA INDIRECTA DE DISTANCIAS

Medir es la operación consistente en determinar la cantidad de una magnitud por comparación con otra que se toma como unidad. Cuando una magnitud se determina por procedimientos distintos al de comparación, se dice que se ha medido indirectamente.

En Topografía existen diversos dispositivos que permiten medir distancias indirectamente. De ellos, los de uso más generalizado son dos: el estadímetro de mira vertical y el distanciómetro electro-óptico.

II.2.1. El estadímetro de mira vertical

Se denomina estadímetro de mira vertical al dispositivo constituido por la asociación de un anteojo estadimétrico y una regla vertical graduada, denominada *mira.*

El anteojo estadimétrico está dotado, como ya se ha indicado, del *retículo estadimétrico*, que es una lámina de cristal en la que están grabados una cruz filar y otros dos hilos, llamados: superior e inferior, paralelos al hilo horizontal de la cruz, y simétricamente dispuestos respecto a él.

El fundamento del dispositivo es sencillo: al observar la mira a través del anteojo, los rayos luminosos que parten de los hilos extremos del retículo y se desplazan paralelamente al eje del anteojo, al llegar al objetivo, se quebrarán y pasarán por el foco anterior interceptando a la mira en los puntos A y B.

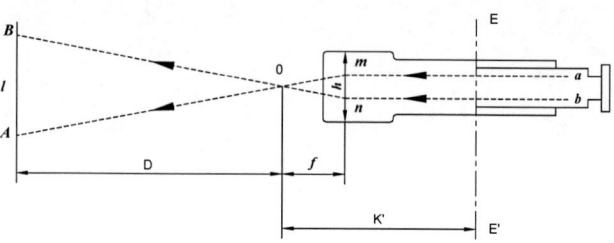

De la semejanza de los triángulos: $BOA \sim mOn$, de la figura, se obtiene la igualdad:

$$D = l \,\frac{f}{h} \qquad\qquad (1)$$

relación que permite determinar indirectamente la distancia D, longitud existente entre el foco anterior del objetivo[1] y la mira, a partir de los parámetros conocidos:

h = separación entre los hilos extremos del retículo.

f = distancia focal del objetivo.

l = longitud interceptada por los hilos extremos del retículo sobre la mira.

A la relación f/h, que es constante para cada aparato, por serlo sus dos miembros, se la denomina: *constante estadimétrica*, se la representa con la letra K, y su valor más normal es *100*.

$$K = \frac{f}{h} = 100$$

---

[1] Recuérdese que el objetivo tiene dos focos, uno anterior y otro posterior.

Y por ello, la expresión (1) se escribe habitualmente de la forma:

$$D = k \cdot l \qquad\qquad (2)$$

Sin embargo, la distancia que interesa conocer es la que existe entre la mira vertical y el eje principal del instrumento materializado por la plomada que cuelga sobre el punto de estación. Para obtenerla, sería necesario sumar a la longitud D, obtenida mediante la expresión anterior, la longitud del segmento comprendido entre el foco anterior y el eje principal, lo que implicaría el empleo permanente de una constante aditiva, K'.

En los aparatos actuales se elimina el empleo de la constante aditiva consiguiendo, mediante procedimientos ópticos, que el anteojo estadimétrico mida directamente la distancia entre su eje principal y la mira. Se dice entonces que el aparato es *analático*. (Analatismo es la propiedad óptica del estadímetro de dar directamente la distancia entre el eje del aparato y la mira).

Caso de visuales inclinadas

El procedimiento que permite determinar longitudes indirectamente mediante la aplicación de la expresión (2), se fundamenta en la semejanza de los triángulos: BOA y mOn (véase la figura anterior). Para que tales triángulos sean semejantes, el retículo (lado mn) debe ser paralelo a la mira (lado AB) y el eje de colimación (visual correspondiente al hilo central del retículo, longitud D) debe incidir perpendicularmente sobre la mira.

En la práctica raramente se verificarán tales condiciones (véase la figura siguiente). La visual se dirige a la mira con una inclinación cualquiera, formando un ángulo α con la horizontal, y la mira, al colocarse vertical sobre el terreno, se presenta en posición oblicua al eje de colimación y no paralela al retículo, con lo que se destruye la semejanza de los referidos triángulos BOA y mOn. Es necesario estudiar, por tanto, las modificaciones que habrá que introducir en la fórmula (2) para obtener, en todos los casos, la distancia geométrica OC, y después, su reducida OF.

Si la mira se pudiera colocar normal al eje de colimación, posición M_1, las proyecciones de los hilos del retículo serían A_1, C y B_1, y la lectura que se efectuaría entonces sería: $A_1B_1 = l_1$

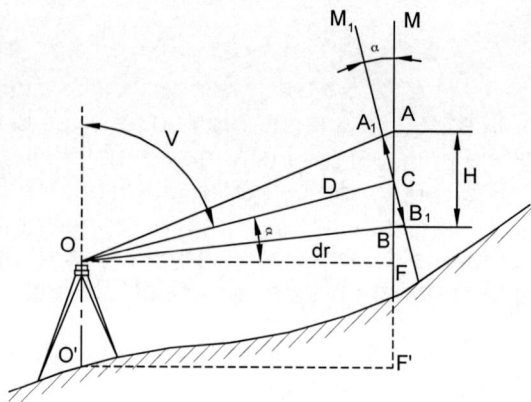

Y la distancia OC, supuesto el anteojo analático, vendría dada por la expresión:

$$OC = K \cdot l_1 \qquad\qquad (3)$$

Sin embargo, la lectura que se obtiene no es: $A_1B_1 = l_1$, por la imposibilidad de colocar la mira en la posición M_1, sino la $AB = l$.

El problema se reduce, por tanto, al conocimiento de la lectura l_1 a partir de la l observada en la realidad.

Considerando las visuales OB_1 y OA_1 como perpendiculares a la mira M_1 (lo que es muy próximo a la realidad dada la pequeñez del ángulo A_1OB_1), los triángulos AA_1C y BB_1C serán rectángulos en A_1 y B_1, respectivamente. En el primer triángulo considerado, AC será la hipotenusa y A_1C un cateto. Y teniendo en cuenta que el ángulo $A_1CA = B_1CB = \alpha$ (por ser CO y OF respectivamente perpendiculares a A_1B_1 y AB), se podrá escribir:

$$A_1C = AC \cdot \cos \alpha$$

y de modo análogo en el segundo triángulo:

$$CB_1 = CB \cdot \cos \alpha$$

Sumando miembro a miembro las dos igualdades anteriores, y teniendo en cuenta que:

$$A_1C + CB_1 = l_1 \qquad\qquad y \qquad\qquad AC + CB = l$$

se obtendrá:
$$l_1 = l \cdot \cos \alpha$$

fórmula que da el valor l_1 (que debería leerse en el supuesto de mira y eje de colimación perpendiculares entre sí), en función de la lectura real efectuada sobre la mira situada verticalmente en el terreno. Sustituyendo en (3), l_1 por su valor se tiene:

$$OC = K \cdot l \cdot \cos \alpha \qquad\qquad (4)$$

fórmula que permite obtener indirectamente la distancia geométrica existente entre el instrumento y el punto de intersección del eje de colimación con la mira (punto C).

Al producto: $K \cdot l$, de la constante estadimétrica por la longitud de mira interceptada, se le llama: *número generador*, y se designa con la letra g. Por tanto:
$$K \cdot l = g$$

Con esta notación, la fórmula (4) queda de la forma:

$$OC = g \cdot \cos \alpha \qquad\qquad (5)$$

Si el aparato midiese distancias cenitales V, en vez de alturas de horizonte α, la fórmula (5) tomaría la forma:

$$OC = g \cdot \operatorname{sen} V \qquad\qquad (6)$$

Sin embargo, la distancia que interesa medir en los levantamientos topográficos no es, normalmente, la distancia geométrica, OC, sino la distancia reducida, OF (véase figura siguiente).

En el triángulo rectángulo OCF, el cateto OF es la distancia reducida, OF = dr, siendo

$$OF = OC \cdot \cos \alpha \qquad (7)$$

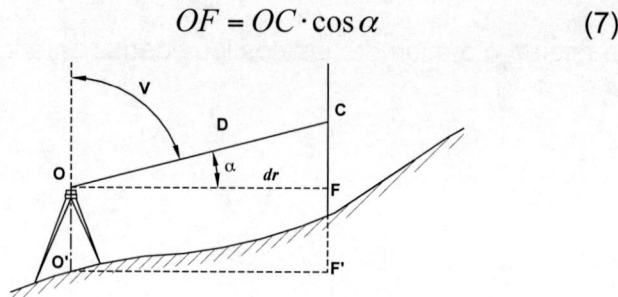

Sustituyendo en (7), OC por los valores obtenidos en las fórmulas (5) y (6), se obtiene finalmente como *expresión que permite obtener indirectamente la distancia reducida:*

$$d_R = g \cdot \cos^2 \alpha = g \cdot \operatorname{sen}^2 V \qquad (8)$$

II.2.2. El distanciómetro electro-óptico

En general, se denomina distanciómetros a los instrumentos que miden distancias por procedimientos electrónicos. La medida electrónica de distancias está basada en las propiedades de una onda electromagnética propagada en el medio atmosférico y en la mediación de su fase. La naturaleza de la onda empleada puede ser de diversa entidad. Los distanciómetros que emplean ondas luminosas se denominan "distanciómetros electro-ópticos".

Su fundamento es el siguiente:

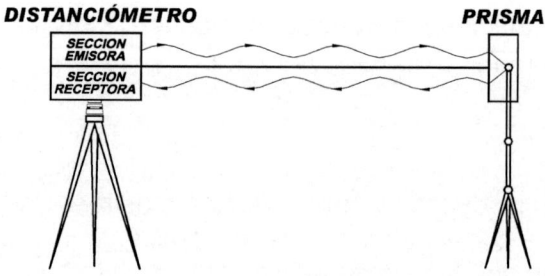

Una fuente emisora genera un rayo de luz, que puede ser infrarrojo o láser emitido normalmente en el rango visible. El rayo es dirigido sobre un retro-reflector situado en el otro extremo del tramo que se ha de medir. La luz reflejada regresa al instrumento. Debido a que la luz necesita un cierto tiempo para alcanzar el retro-reflector y regresar al instrumento, ocurre un desplazamiento de fase entre el rayo emergente y el reflejado. Este desplazamiento de fase es directamente proporcional a la distancia recorrida por el rayo de luz.

El instrumento posee un microprocesador que mide el desplazamiento de fase, calcula la distancia equivalente, la modifica en función de los factores atmosféricos existentes (temperatura ambiente y presión barométrica), y proporciona un valor numérico de la distancia geométrica entre emisor y reflector.

Distanciómetros topográficos

Los distanciómetros que se emplean corrientemente en los levantamientos topográficos son del tipo electro-óptico. Consisten en una pequeña caja donde se alojan una batería, el microprocesador y el sistema emisor-receptor de luz. Cuenta, además, con un anteojo visor, cuyo objetivo sirve a su vez para la emisión y recepción de las ondas; un teclado con diversas funciones y una pantalla de cuarzo líquido donde se obtiene una lectura digital.

Para su empleo, el distanciómetro se sitúa, normalmente, acoplado sobre un taquímetro de forma que el eje de colimación de este y el rayo luminoso del distanciómetro estén en el mismo plano vertical. Para lograrlo, el distan-ciómetro se puede desplazar sobre el taquímetro mediante unos tornillos.

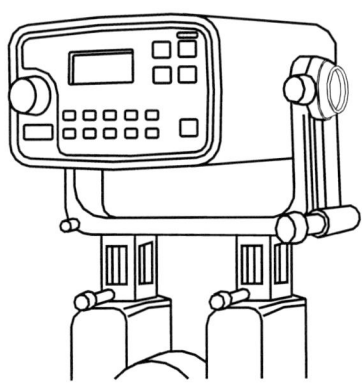

Los retro-reflectores que se emplean en topografía son prismas pentagonales de reflexión total.

Se puede utilizar un solo prisma montado sobre un jalón provisto de nivel esférico o una serie de prismas montados sobre trípodes con plataformas nivelantes.

Los prismas suelen ir asociados con una placa de puntería con el fin de facilitar la colimación del taquímetro. La separación vertical entre los centros de la placa y del prisma debe ser la misma que la existente entre los objetivos del taquímetro y del distanciómetro.

II.3. LA ESTACIÓN TOTAL

II.3.1. Descripción del instrumento

La estación total es un instrumento para la medida electrónica de distancias, tanto geométricas como reducidas, y el cifrado de ángulos en los planos horizontal y vertical.

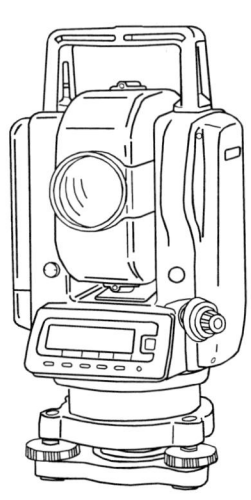

Básicamente, consiste en un taquímetro electrónico integrado con un distanciómetro electro-óptico de forma que sus respectivos ejes de colimación constituyen un solo elemento, siendo posible, por tanto, obtener mediciones angulares y de distancia con una sola puntería. Además, ambos dispositivos se operan desde un mismo teclado y los datos angulares y de distancias aparecen simultáneamente en la misma pantalla.

Las longitudes las mide electrónicamente con aproximaciones milimétricas mediante la emisión de un rayo de luz que rebota en el punto colimado y regresa al instrumento. Partiendo de la reflexión de dicho rayo el aparato calcula la distancia a la que está el punto. Además, cifra los valores angulares horizontal y vertical correspondientes a la visual realizada.

Atendiendo al tipo de rayo que emplean para medir distancias, las estaciones totales pueden ser de luz infrarroja o de rayo láser. Las primeras son de luz invisible. Para medir distancias deben usarse asociadas con un reflector formado por prismas de reflexión total que, situado como blanco en el punto que se va a colimar, devuelva el rayo al punto de partida. Este reflector puede utilizarse adosado a una tableta de puntería montada sobre un jalón provisto de nivel esférico, o a mano.

Las estaciones Láser, de luz visible, tienen la ventaja de que en distancias cortas, hasta 200 metros, dependiendo de la potencia del emisor, no necesitan prima reflector para la medida de longitudes. A mayores distancias deben usarse asociadas con un reflector, exactamente igual que las de infrarrojos.

Además de las funciones básicas: cifrado de valores angulares en los planos horizontal y vertical, y determinación indirecta de distancias reducidas, las estaciones totales, dependiendo del fabricante y del modelo, suelen ofrecer diversas funciones complementarias y programas de aplicación integrados. Normalmente, su número y posibilidades suele estar en relación directa con el precio del instrumento.

II.3.2. Plomadas láser

Las estaciones totales se pueden equipar con una plomada láser en lugar de la tradicional plomada óptica.

La plomada láser genera un haz de rayos láser de color rojo que emerge por la parte inferior del instrumento según la dirección del eje principal, proyectando sobre el terreno un círculo rojo en el punto de incidencia del rayo. Esto permite marcar la posición del instrumento y centrarlo fácilmente sobre el punto deseado.

La plomada láser es ideal para sitios cerrados o con poca luz, en cambio, en lugares abiertos y luminosos puede presentar dificultades la percepción del punto que señala el láser. Para evitar tal inconveniente, algunas estaciones totales disponen de una función que permite ajustar la intensidad del punto láser en función de las condiciones de iluminación críticas.

Por último, señalar que la precisión en el centrado que se logra con el láser es menor que la que se logra con la plomada óptica tradicional.

II.3.2. Parámetros de precisión

La mayor o menor calidad de una estación total responde, entre otros factores, a la precisión que ofrece en la medida de ángulos y distancias.

La precisión en la medida de las distancias se expresa en términos de desviación estándar mediante la expresión:

$$\pm (C + C' \ ppm \cdot D) \ mm$$

C = constante cuyo valor oscila entre 1 y 5 mm dependiendo del Instrumento.

C' = factor conocido como corrección de escala. Su valor oscila entre 1 y 5 mm dependiendo también del Instrumento.

Ppm = significa partes por millón. Su valor es: 10^{-6}.

D = distancia medida expresada en milímetros.

En cuanto a la medición de ángulos, su precisión se indica mediante una desviación estándar tipo obtenida en laboratorio según la norma DIN 18723.

Los valores de los indicadores de precisión señalados figuran siempre en la hoja de las especificaciones técnicas del instrumento que se vaya a usar.

II.3.4. Dispositivos de registro de datos

En la actualidad hay dos tipos de dispositivos para el registro electrónico de datos de campo obtenidos con Estación Total: *la tarjeta de memoria*, que es un dispositivo interno que se integra en los circuitos de la propia estación, y *el colector electrónico de datos*, que es un dispositivo externo que se conecta a la estación mediante un cable interfaz y que, a su vez, se puede utilizar como computadora de campo.

Las tarjetas de memoria permiten, básicamente, almacenar datos y volcarlos después a un ordenador donde, mediante los correspondientes programas, se realicen informativamente las operaciones de cálculo del levantamiento, si este fuese el caso.

Los colectores de datos pueden llevar distintos tipos de *software*. Los más sencillos permiten únicamente el registro de los datos brutos de campo tal como los toma la estación y su posterior volcado a un ordenador, donde se deben realizar todos los cálculos oportunos. Los más completos disponen de programas específicos de topografía que, además de registrar los datos, realizan todos los cálculos topográficos necesarios, volcando al ordenador los datos ya elaborados.

En cualquier caso, una vez volcados los datos al ordenador, existe la posibilidad de obtener el dibujo del plano de forma automatizada.

III. USO DE TAQUÍMETROS Y EST. TOTALES

III.1. PUESTA EN ESTACIÓN

III.1.1. Concepto

La puesta en estación es la primera operación que hay que hacer cuando se va a realizar una toma de datos con un instrumento topográfico. Consiste en colocarlo sobre la vertical del punto del terreno desde el que se va a realizar la observación (punto de estación), de forma que el eje principal del instrumento esté vertical y pase por dicho punto.

Se considerará que un instrumento está correctamente estacionado cuando se verifiquen simultáneamente las dos condiciones siguientes: a) Que esté centrado sobre la vertical del punto de estación. b) Que sus niveles permanezcan calados en cualquier posición de la alidada.

Las condiciones señaladas se alcanzan mediante tres operaciones sucesivas consistentes en: 1. Montaje del instrumento sobre el trípode. 2. Centrado del instrumento sobre el punto de estación. 3. Nivelación del instrumento.

III.1.2. Montaje del instrumento

(1). Desplegar las patas del trípode ajustando su longitud de modo que la altura sea adecuada para la observación cuando el instrumento se encuentre sobre él.

(2). Colocar el trípode sobre el terreno cuidando que la meseta quede sensiblemente horizontal y que los extremos de sus patas configuren en el suelo un triángulo equilátero en cuyo centro se encuentre la señal del punto de estación.

(3). Fijar el trípode firmemente en el suelo pisando los estribos metálicos de las patas.

(4). Extraer el instrumento del estuche asegurándose de que los tornillos de presión están sin apretar.

(5). Colocar el instrumento sobre la meseta del trípode y fijarlo apretando suavemente el tornillo correspondiente.

III.1.3. Centrado sobre el punto de estación

Consiste en colocar el instrumento de forma que su eje principal, materializado por la plomada, pase por la señal del punto de estación en el suelo. La operación es distinta según se opere con plomada óptica o con plomada láser.

Centrado con plomada óptica

(1). Mirar por el ocular de la plomada óptica y girar éste hasta conseguir ver claramente la marca de centrado de la plomada.

(2). Girar el mando del enfoque de la plomada hasta que se vea enfocada la señal de la estación en el suelo. Puede suceder que al mirar por el ocular de la plomada no se perciba la señal del suelo. En tal caso, se debe hacer lo siguiente:

Manteniendo una de las patas del trípode en el suelo, se levantarán las otras dos, una con cada mano, y se situará la puntera del zapato junto a la señal del punto de estación.

En esta posición, se mirará por el ocular de la plomada óptica y se moverán las patas levantadas hasta que se vea la marca de centrado de la plomada proyectada sobre el cuerpo del operador. Sin dejar de mirar por el visor, y moviendo adecuadamente las dos patas levantadas del trípode, se deberá lograr que dicha marca vaya descendiendo por el cuerpo hasta llegar al pie que señala el punto. Se continuará el recorrido por el pie. Al final del mismo se podrá ver la señal del punto de estación. En ese momento, se apoyarán en el terreno las dos patas que se tenían levantadas, cuidando que al hacerlo no se salga del campo de visión dicha señal.

(3). Mirando a través del ocular de la plomada, mover los tornillos nivelantes hasta conseguir que la marca de centrado de la plomada coincida con la señal del punto de estación en el suelo. También se puede lograr el mismo efecto aflojando el tornillo central del trípode y deslizando la base del instrumento sobre la meseta del trípode. Tal operación se debe hacer con cuidado de no girar el instrumento.

(4). *Calar la burbuja del nivel esférico mediante el acortamiento o alargamiento de las patas del trípode* (al realizar esta operación se deberá poner un pie en el estribo de la pata que se esté manipulando para que esta no se levante del suelo).

(5). Asegurarse de que la marca de centrado de la plomada siga coincidiendo con la señal del punto de estación en el suelo.

Centrado con plomada láser

El centrado de la plomada se podrá hacer directamente guiándose por la señal del punto láser. La intensidad del rayo de la plomada se deberá adecuar a las condiciones de luz ambiental con el fin de que se pueda percibir correctamente la señal.

III.1.4. Nivelación del instrumento

Nivelación con un solo nivel principal

Consiste en centrar la burbuja del nivel principal de forma que permanezca calada en cualquier posición de la alidada.

1.- Se coloca el nivel principal paralelo a la línea que une dos de los tornillos nivelantes, *T1* y *T2* por ejemplo, (fig. 1) y se accionan dichos tornillos girándolos en sentido contrario hasta conseguir situar la burbuja en el centro del nivel.

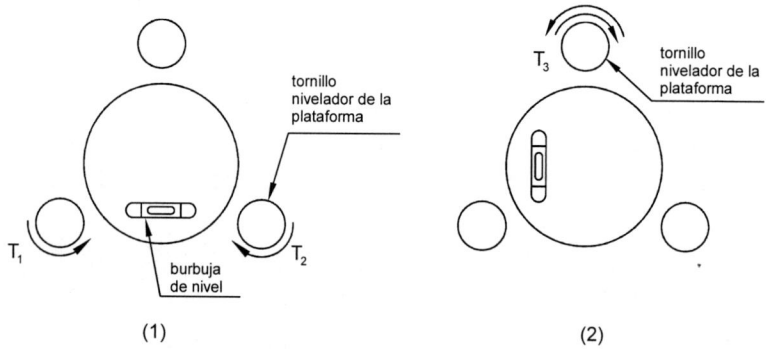

(1)   (2)

2.- Se gira la alidada un cuarto de vuelta (fig. 2) llevando el nivel a una posición perpendicular a la anterior, y se vuelve a calar la burbuja girando el tercer tornillo nivelante *T3*.

3.- Se gira nuevamente la alidada otro cuarto de vuelta, de forma que el nivel quede paralelo a los dos tornillos del comienzo (fig.3). Si la burbuja permanece centrada, el nivel está correctamente calado. Si la burbuja se desplaza, se deberá eliminar la mitad de la desviación girando en sentido contrario los dos primeros tornillos.

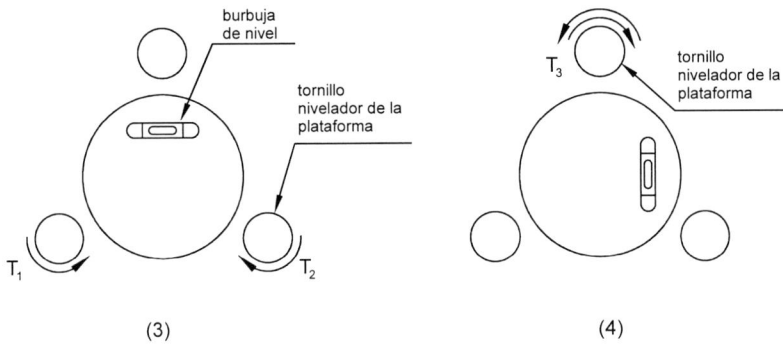

(3)   (4)

4.- Por último, se da otro cuarto de vuelta (fig. 4), y con el tercer tornillo en línea con la burbuja, se lleva esta a su punto de centraje.

5.- Finalmente, girar el instrumento para asegurarse de que la burbuja permanece calada en cualquier posición de la alidada.

Nivelación con dos niveles cruzados

Algunos aparatos llevan dos niveles principales cruzados en lugar de uno solo. En tales casos, la operación de nivelación es más sencilla:

1.- Colocar uno de los niveles principales paralelo a una línea que una dos de los tornillos nivelantes y accionar dichos tornillos girándolos en sentidos opuestos hasta conseguir situar la burbuja en el centro del nivel.

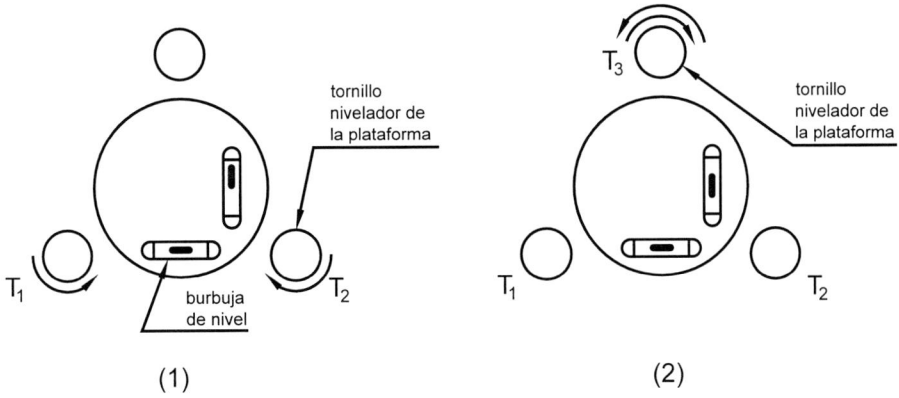

(1)   (2)

2.- Girar el tornillo de nivelación restante de forma que la burbuja del otro nivel tubular se centre.

3.- Asegurarse de que las burbujas de ambos niveles permanecen centradas. Si así no fuera, repetir los pasos 1 y 2.

4.- Girar el instrumento para asegurarse de que las burbujas permanecen centradas en cualquier posición de la alidada.

III.2. MANEJO DEL INSTRUMENTO

III.2.1. Movimientos general y particular

El empleo combinado de los tornillos de presión horizontal proporciona a los taquímetros y estaciones totales dos tipos de movimientos: el general del aparato y el particular de la alidada.

Movimiento general del aparato.- Consiste en girar solidaria y conjuntamente la alidada y el círculo horizontal alrededor del eje principal. Al realizar el giro, la posición de los sensores sobre el círculo horizontal no varía, dando lugar a *una lectura angular constante*. Para realizar un movimiento general es necesario apretar el tornillo de presión situado sobre el limbo, tornillo A, y soltar el situado bajo el círculo, D. Este tornillo se apretará solo cuando se quiera fijar el movimiento general.

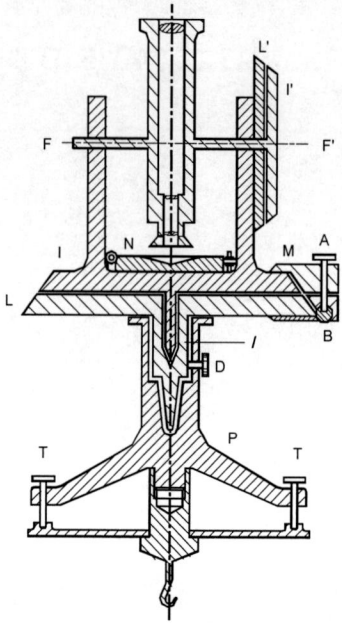

Movimiento particular de la alidada.- Consiste en girar libremente la alidada sobre el círculo horizontal que permanece bloqueado. En este caso, la posición de los sensores sobre la graduación del limbo horizontal va variando con el giro y, por tanto, *la lectura angular varía*. Para realizar un movimiento particular es necesario apretar el tornillo de presión situado debajo del círculo, tornillo D, y soltar el situado sobre el círculo, tornillo A. Este tornillo se apretará solo cuando se quiera fijar el movimiento particular.

Movimientos general y particular con un solo tornillo

Hay aparatos que disponen de un único tornillo de presión horizontal que sirve tanto para el movimiento general del instrumento como para el particular de la alidada. Ello imposibilita la realización de estos movimientos por medios mecánicos, mediante el uso combinado de dos tornillos

En estos casos, la fijación del círculo horizontal a la alidada con el fin de ejecutar el movimiento general, o la liberación del mismo para lograr el particular, se consigue electrónicamente mediante el uso de una función que suele denominarse: *Hold.*

76

El instrumento, una vez encendido, queda por defecto en la posición del movimiento particular, círculo horizontal bloqueado y alidada girando libremente sobre él. Para fijar el círculo a la alidada con el fin de ejecutar un movimiento general, se oprime dos veces la tecla correspondiente a la citada función. Para cancelar la retención y pasar al movimiento particular de la alidada, se oprime una sola vez la tecla de la función.

III.2.2. Posiciones directa (CD) e inversa (CI) del círculo vertical

Al poder girar libre e independientemente la alidada y el anteojo alrededor de sus respectivos ejes, se podrá visar a cualquier punto del terreno situando el eclímetro, círculo vertical, indistintamente a uno u otro lado del observador, según las posiciones que se indican en la figura siguiente:

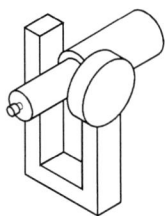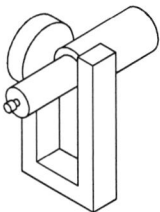

Dependiendo de la posición del conjunto, en uno de los casos, al girar el anteojo alrededor del eje secundario, las lecturas cenitales leídas en el eclímetro crecerán a medida que el anteojo se aleje de la vertical. En el otro caso decrecerán al realizar el mismo movimiento.

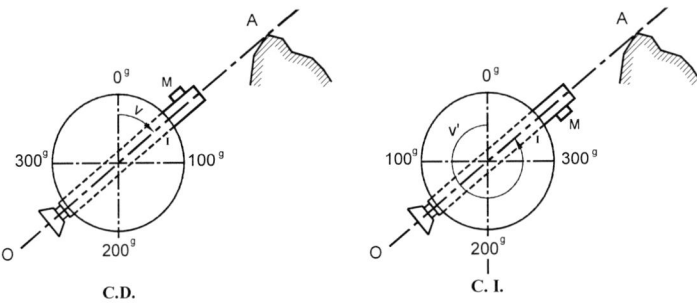

La posición del eclímetro en la que las lecturas cenitales crecen a medida que el anteojo se aleja de la vertical se denomina *círculo directo*,

CD. La posición en la que la graduación decrece se denomina *círculo inverso, CI*.

La toma de datos se debe iniciar siempre en la posición *CD*. Por ello es necesario verificar, antes de comenzar las observaciones, la posición en la que se encuentra el eclímetro. Para ello se coloca el anteojo sensiblemente horizontal. Si el eclímetro señala valores cenitales próximos a *100 g,* su posición es *CD*. Si señala valores próximos *a 300 g,* su posición es de círculo inverso, en cuyo caso habrá que pasar al directo.

Para pasar de la posición *CI* a la *CD* o viceversa, basta dar una vuelta de campana al anteojo y giro de 200 gones a la alidada.

Por último, señalar que *las lecturas cenitales en CD y CI correspondientes a visuales dirigidas a un mismo punto, suman siempre 400 gon*, según se desprende de la observación de las figuras precedentes.

Situación del circulo horizontal en las posiciones C.D y C.I

Si bien las posiciones *CD* y *CI* hacen referencia a la posición del eclímetro y no afectan, en principio, al círculo horizontal, se verifica que: *las lecturas horizontales de un mismo punto, obtenidas en CD y CI, se diferencian en 200 gon*.

III.2.3. Colimación de objetos

Se dice que un objeto está colimado cuando observado a través del anteojo de un instrumento, se percibe el centro de la cruz filar coincidiendo con la imagen nítida del objeto en cuestión.

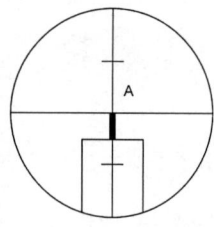

En todos los casos, antes de iniciar las colimaciones, es necesario ajustar el ocular para que el operador perciba nítidamente el retículo. Para ello, se apuntará el anteojo a un objeto brillante, el cielo por ejemplo, y se girará el anillo del ocular hasta conseguir que aparezca el retículo con su máxima nitidez. Una vez conseguida esta, no será necesario volver a tocar el ocular mientras el operador no cambie.

Procedimiento de colimación

La colimación de un objeto se realizará en tres fases. Primero, hay que situar al objeto dentro del campo óptico del anteojo. Para ello, se aflojarán los tornillos de presión horizontal y vertical, y moviendo a mano la alidada, se apuntará el anteojo, como si fuese una escopeta, mediante el sistema de colimación exterior (punto de mira o similar). Una vez hecha la puntería, se volverán a apretar dichos tornillos.

Luego, mirando a través del anteojo, se procederá a girar adecuadamente el mando del enfoque hasta conseguir una imagen perfectamente nítida del objeto colimado. Por último, actuando sobre los tornillos de coincidencia, se deberá terminar la colimación centrando perfectamente la cruz filar sobre el detalle que se desee colimar. Si el detalle fuese un elemento puntual, el centro de la cruz filar deberá quedar exactamente sobre dicho punto. Ello se conseguirá girando el tornillo horizontal hasta que el hilo vertical del retículo coincida con la imagen del punto en cuestión, y luego actuando sobre el vertical hasta lograr que el hilo horizontal coincida también con dicha imagen.

Si el detalle a colimar fuese lineal, la colimación consistirá en conseguir que el hilo correspondiente del retículo coincida exactamente con dicho detalle. Si se tratara de una mira, por ejemplo, habrá que conseguir que el hilo vertical del retículo coincida lo más exactamente posible con el eje longitudinal de aquella.

Comprobación de la inexistencia de paralaje óptico

La existencia de paralaje entre el retículo y la imagen del objeto visado afecta de forma negativa a la precisión de la colimación. Por ello, se hace necesario comprobar en cada colimación la posible existencia de paralaje, y en caso de detectarla, eliminarla mediante un cuidadoso enfoque y ajuste del ocular.

III.2.4. Verificación de instrumentos

Siempre que se inicie un trabajo con un instrumento, hay que cerciorarse de que este se halla en buen uso y que cumple las condiciones generales de construcción. Para ello se debe poner en estación y verificar:

1.- **Que el retículo carece de inclinación.** Para comprobarlo se debe visar a un punto lejano y moverlo hacia el borde del campo de visión del anteojo utilizando el tornillo de coincidencia vertical. Si el punto se mueve a lo largo del hilo vertical del retículo, no es necesario ningún ajuste.

2.- **Que el eje de colimación es perpendicular al eje secundario** (eje de rotación del anteojo). Para comprobarlo se debe visar en posición CD a un punto muy lejano anotando la correspondiente lectura horizontal. Luego se repite la colimación al mismo punto en posición CI (vuelta de campana al anteojo y giro de 200 gon a la alidada). Si el aparato cumple con la condición que se verifica, la nueva lectura horizontal obtenida en CI debe diferir de la anterior, obtenida en posición CD, en 200 gon.

3.- **Que el eje secundario es perpendicular al eje principal del aparato.** Si el aparato cumple esta condición, al dirigir la visual a la arista vertical de un edificio y recorrerla de arriba abajo, esta deberá quedar constantemente cubierta por el hilo vertical de la cruz filar.

4.- **Que no hay error en el origen de los ángulos verticales** (*error de eclímetro*). Para verificarlo se debe tener en cuenta que en un aparato que carezca de error de eclímetro, al visar a un mismo punto en las posiciones CD y CI, la suma de las lecturas verticales obtenidas es de 400 g.

Por otro lado: *Cuando hay error de eclímetro, la suma de las lecturas verticales en CD y CI correspondientes a un mismo punto no es 400 g.* El valor del error se obtiene dividiendo por 2 la diferencia a 400 g de la suma de las dos lecturas. Conocido el error, se corregirán las lecturas en el valor correspondiente.

Ejemplo

Lectura en CD =   89,70
Lectura en CI   =   310,34
                Suma 400,04

Diferencia a 400...   +0,04

Error de eclímetro... +0,02
    Corrección ....   -0,02

Lectura en CD corregida = 89,68
Lectura en CI   corregida = 310,32
                Suma 400,00

5.- **Que la línea de colimación de la plomada coincide con el eje vertical del aparato.** Para verificarlo se situará el instrumento en estación de tal forma que la plomada óptica coincida exactamente con un punto marcado en el suelo, y se girará el instrumento sobre su eje vertical, mirando a través de la plomada óptica cada vez que se gire *100 g*, y comprobando que la marca de centrado de la plomada no se desplaza de su posición inicial.

III.2.5. Empleo de la Regla Bessel

La Regla Bessel constituye uno de los procedimientos de toma de datos más usados para eliminar los errores sistemáticos residuales de ajuste del aparato y aumentar la precisión en las observaciones. Es por ello que es aconsejable su empleo.

Consistente en visar dos veces a cada punto, primero en posición normal (posición CD) y luego dando vuelta de campana al anteojo y giro de *200 gon* a la alidada (posición CI), obteniendo, de esta forma, dos lecturas para cada punto.

Una vez terminada la observación, es necesario establecer los valores definitivos de la misma. En las determinaciones acimutales, se tomará como valor definitivo de la observación el promedio de las dos lecturas horizontales obtenidas en las posiciones CD y CI, corrigiendo previamente la segunda en *200 gon*.

Ejemplo:

Lectura horizontal en CD = *128,36*

Lectura horizontal en CI = *328,34*

Lectura horizontal definitiva de la observación = *128,35*

En las observaciones cenitales, se tomará como valor definitivo de la observación la lectura cenital correspondiente a la posición CD, una vez se la haya corregido del posible error de eclímetro.

En cuanto a las distancias reducidas, se miden en las dos posiciones, aunque se suele anotar solo la obtenida en la posición CD, sirviendo la obtenida en la posición CI de comprobación de la primera. No obstante, si se decide anotar ambas, se tomará como valor definitivo la media de los dos valores obtenidos.

III.2.6. Errores instrumentales

En todo proceso de medición se incurre normalmente en una serie de errores que ocasionan que el valor final obtenido no sea exacto. Los errores cometidos pueden ser de dos tipos: *sistemáticos*, que proceden de los defectos de construcción y ajuste del instrumento de medida y responden a una ley fija; y *accidentales*, que dependen, fundamentalmente, de las características técnicas de dicho instrumento y de las condiciones de su utilización. No se consideran errores accidentales los derivados del poco esmero y cuidado del operador al emplear el instrumento.

En la toma de datos con un instrumento de topografía, pueden aparecer diversos errores accidentales que afecten tanto a la medida de los ángulos como a la determinación de las distancias. Los valores de estos errores deben ser cuantificados para poder establecer la precisión de los datos obtenidos. Sin embargo, su condición de accidentales hace que su verdadera magnitud no pueda ser conocida. Por ello, lo que se hace en la práctica es establecer, de forma empírica, unos valores máximos, dando por descontado que, en la mayor parte de los casos, sus valores reales no alcanzarán dichos máximos.

Errores accidentales que afectan a la medida de los ángulos

Aunque existen diversos errores accidentales que pueden afectar a la medida de los ángulos tantos horizontales como verticales, en este apartado solo se considerarán los dos errores accidentales más importantes que afectan a la medida de los ángulos horizontales. Son los denominados: *de dirección* y *de medición angular*.

Error de dirección.- Se produce en el centrado de instrumento y blanco sobre sus puntos respectivos, que nunca será exacto. Considerando unos descentrajes máximos de δ_E en el punto de estación, y δ_P en el de colimación, el valor máximo de este error se obtiene mediante la expresión:

$$e_D \leq \frac{\delta_E + \delta_P}{L} \cdot r''$$

siendo L la distancia entre los puntos de estación y colimación, y r'' los segundos de un radián.

Error de medición angular.- Consecuencia de la aproximación con la que operan los dispositivos de cifrado de ángulos de los instrumentos. Su valor máximo se obtiene en función de la precisión que figura en la hoja de especificaciones técnicas del aparato:

$$e_M \leq 2,5 \cdot precisión$$

Error angular total.- Partiendo de los valores anteriores, el valor máximo del error accidental total que pueda afectar a las medidas de ángulos horizontales realizados con un determinado instrumento, se puede obtener mediante la igualdad:

$$E_A = \sqrt{e_D^{\,2} + e_M^{\,2}}$$

Errores accidentales que afectan a la medida de las distancias

En la medida electrónica de distancias, el valor del error accidental máximo se obtiene a partir de la precisión que para la medición de distancias figure en la hoja de especificaciones técnicas del instrumento:

$$E_{DEO} \leq 2,5 \cdot precisión$$

III.3. MEDIDA INDIRECTA DE DISTANCIAS REDUCIDAS

La determinación indirecta de la distancia reducida entre dos puntos se puede realizar por procedimientos ópticos, con taquímetro y mira vertical, o electrónicamente con taquímetro y distanciómetro o estación total.

III.3.1. Medición con taquímetro y mira vertical

Para medir indirectamente con un taquímetro y mira vertical la distancia reducida entre dos puntos, se estacionará el taquímetro en uno de ellos y se colocará en el otro la mira vertical. Se colimará a la mira de forma que el hilo vertical de la cruz filar coincida con su eje longitudinal y los horizontales estén lo más bajos posible, y se anotarán las lecturas de los tres hilos sobre la mira. También se debe anotar la lectura angular del círculo vertical del aparato.

No es conveniente, en ningún caso, limitar la lectura sobre la mira a los hilos extremos únicamente. Leyendo además el hilo central del retículo, se podrá comprobar inmediatamente si las lecturas han sido correctas o no; ya que llamando a, a la lectura del hilo superior del retículo, b, a la inferior, y, c, a la central o axial, se debe verificar que:

$$\frac{a+b}{2} = c$$

De no cumplirse la relación anterior, es evidente que si las lecturas no han sido erróneas, o bien la colimación es excesivamente inclinada respecto a la mira, o esta no se ha puesto en estación debidamente.

La diferencia entre las lecturas de los hilos extremos del retículo dará la longitud l de mira interceptada. Multiplicando dicha longitud por la constante estadimétrica del aparato (normalmente es *100*) se obtendrá el generador.

$$g = K \cdot l$$

Obteniéndose, finalmente, *la distancia reducida* mediante la fórmula:

$$d = g \cdot \mathrm{sen}^2 V = g \cdot \cos^2 \alpha$$

Ejemplo:

Para medir la distancia reducida entre dos puntos, se ha estacionado en uno de ellos un taquímetro centesimal de constante estadimétrica $K = 100$, y se ha colimado a una mira vertical colocada en el otro. Los datos que se han anotado son los siguientes:

- Lectura del hilo superior $a = 1,03\ m$

- Lectura del hilo inferior $b = 0,10\ m$

- Lectura del hilo axial $c = 0,57\ m$

- Ángulo vertical $V = 99,84\ gon$

¿Cuál es la distancia reducida entre los dos puntos?

Solución:

1). Comprobación de las lecturas de mira:

$$\frac{1,03 + 0,10}{2} = 0.565; \qquad c = 0,57$$

por tanto: *lecturas correctas*

2). Cálculo de la longitud de mira interceptada:

$$l = 1,03 \ m - 0,10 \ m = 0,93 \ m$$

3). Determinación del generador:

$$g = K \cdot l = 100 \ x \ 0,93 \ m = 93 \ m$$

4). Obtención de la distancia reducida:

$$dr = g \cdot sen^2 V = 93 \cdot sen^2 99,84 = 92,99 \ m$$

Toma de datos operando con Regla Bessel.- Cuando la determinación de la distancia se hace aplicando la Regla Bessel, antes de realizar la primera colimación se deberá comprobar que el aparato está en la posición CD, o se colocará en tal posición si no lo está. Luego, al realizar la colimación a la mira en la posición CI deberá colocarse el hilo central del retículo de forma que su lectura sobre la mira sea igual a la que se obtuvo en la posición CD. Las lecturas de los hilos extremos del retículo se cotejan con las obtenidas en la posición CD, debiendo coincidir, pero, normal-mente, no se anotan en la libreta de campo. Sí se deberá anotar la lectura del eclímetro.

Ejemplo:

Calcular la distancia reducida entre los puntos *21* y *22* según los datos que figuran en el estadillo adjunto.

ESTA-CION	i	Puntos observados	LECTURA DE HILOS			g	D	LECTURA CIRCULOS	
			Extremos		Axial			Acimutal	Vertical
21		22	1,20	1,84	1,52				89,700
									310,340

Se ha utilizado un taquímetro centesimal de *K = 100*, y obtenido los datos de campo mediante Regla Bessel.

Solución:

Valor definitivo de V= 89,680 gon

$$l = 0{,}64 \text{ metros;} \quad g = 64 \text{ metros}$$
$$d = 62{,}33 \text{ metros}$$

III.3.2. Medición con taquímetro y distanciómetro

Se estaciona el conjunto taquímetro-distanciómetro en uno de los puntos extremos de la distancia a medir y se coloca un soporte con el prisma reflector y la tablilla de puntería en el otro.

El operador enciende el aparato, introduce mediante el teclado los valores de presión barométrica y temperatura ambiente, y apunta hacia el reflector haciendo una doble colimación, con el taquímetro a la placa de puntería y con el visor del distanciómetro al centro del prisma.

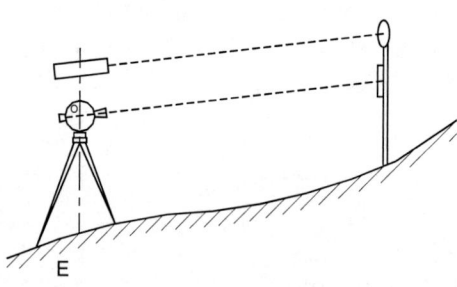

Como en determinadas circunstancias puede haber dificultades para colimar al prisma utilizando el visor del distanciómetro, estos suelen llevar una función que indica al operador el nivel de señal reflejada que regresa. Se utiliza una vez se ha hecho la colimación de la tableta de puntería. Se activa la función *señal* y se campanea el distanciómetro en el plano vertical. En la pantalla irán apareciendo los valores correspondientes a los distintos niveles de la señal de retorno (señal recibida). Cuando mayor sea este, mejor será la colimación. Al colimar al centro del reflector, la señal será máxima y sonará, además, un pitido indicando tal circunstancia, pudiéndose entonces proceder a la medición de la distancia.

En cualquier caso, una vez hechas las dos colimaciones, para obtener la distancia se pulsará la tecla correspondiente a la función de medida y en la pantalla aparecerá digitalmente su valor.

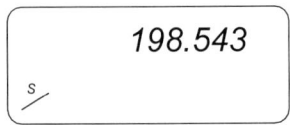

Debe tenerse en cuenta que, en principio, el valor que ofrecen los distanciómetros es el correspondiente a la *distancia geométrica entre el aparato y el prisma reflector*. Esta circunstancia viene indicada en un pequeño icono consistente en una recta inclinada que aparece en la pantalla.

Obtención de la distancia reducida.- La distancia reducida se podrá obtener a partir de la geométrica que señala el distanciómetro mediante dos procedimientos distintos

a). Manualmente, por aplicación de una de las fórmulas:

$$d_R = D \cdot \operatorname{sen} V = D \cdot \cos \alpha$$

según que el taquímetro lea alturas de horizonte (α), o distancias cenitales (V).

b). Mediante el procesador del distanciómetro, introduciendo a través de su teclado el valor correspondiente a la lectura del eclímetro y pulsando la tecla correspondiente a la función *distancia reducida*. El valor de dicha distancia aparecerá digitalmente en la pantalla.

Medición sin placa de puntería

También se pueden emplear los prismas sin estar asociados con una placa de puntería. En tales casos la colimación del taquímetro debe hacerse al centro del prisma.

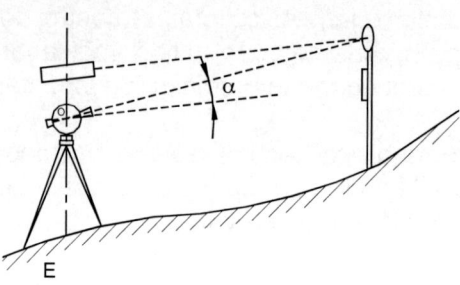

Esta circunstancia produce un error en la determinación del ángulo vertical y consecuentemente en el cálculo de la reducida. Con el fin de evitar tal inconveniente, la mayoría de los distanciómetros llevan un conmutador que, cuando está activado, produce una compensación automática del referido error.

III.3.3. Medición con estación total

Se estacionará la estación total en uno de los puntos extremos de la distancia a medir y se colocará un soporte con el prisma reflector en el otro.

Sí buscará entre las distintas pantallas del instrumento la que ofrece la función de medida de distancias. Normalmente, las estaciones totales pueden medir tres tipos de distancias: distancia reducida, distancia geométrica y diferencial de altura. El tipo de distancia a medir se indica gráficamente mediante un icono que aparece en uno de los vértices de la pantalla. Cada fabricante suele emplear un icono distinto. Uno de los más generalizados consiste en un pequeño triángulo rectángulo y una recta exterior paralela a uno de sus lados.

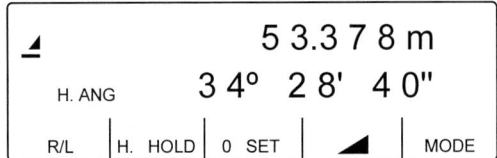

Las distintas posiciones de la recta respecto del triángulo en el icono indican el tipo de distancia que se mide. Cuando la recta del icono esté paralela al cateto horizontal del triángulo; la distancia que se medirá será la reducida. La recta paralela a la hipotenusa indicará una distancia geométrica. La recta paralela al cateto vertical, un diferencial de altura. Se deberá verificar, por tanto, antes de iniciar la medición, que el indicador del icono sea el correspondiente a la distancia reducida.

Luego, se hará una puntería al centro del prisma y pulsando la tecla correspondiente a la función de medida, se iniciará el proceso de medición. Cuando este acabe, sonará un pitido y aparecerá en la pantalla la distancia resultante.

Empleo de la estación total sin prisma reflector

Las estaciones totales que disponen de distanciómetros que emplean rayo láser permiten la posibilidad de tomar medidas sin la necesidad de utilizar un prisma. Basta con dirigir el rayo hacia un elemento opaco que actúe como reflector. No se obtienen resultados de medición con objetivos transparentes.

El resultado de la medición depende, en gran parte, de la reflectividad del elemento utilizado como blanco. Los objetivos lisos con una buena reflexión dan mejores y más rápidos resultados de medición que los rugosos o esféricos. Las superficies rugosas influyen negativamente en el tiempo de medición.

También influye en el resultado de la medición el ángulo de incidencia que tenga el rayo con la superficie del elemento utilizado como blanco. Debe procurarse que el rayo incida con un ángulo que sea lo más aproximado posible al recto. Si el ángulo de incidencia es muy agudo, pueden darse casos de dispersión o reducción del rayo láser, pudiéndose llegar, incluso, a la imposibilidad de realizar la medición.

La medida de distancias sin prisma encuentra su principal aplicación en el caso de medición de distancias a puntos inaccesibles, peligrosos o de difícil acceso.

Empleo de láminas reflectoras.- Los problemas de reflectividad que puedan surgir cuando se realizan mediciones con rayo láser sin prisma, se minimizan empleando como blanco de la medición una lámina reflectora.

En cualquier caso, la lámina reflectora debe colocarse orientada hacia la línea de puntería en un ángulo aproximadamente recto. En caso contrario, se pueden producir fenómenos de dispersión o reducción del rayo láser.

El empleo de las láminas reflectoras aumenta el rango de la medición respecto a las medidas sin prisma reflector. Sin embargo, su empleo elimina las principales ventajas de dicho proceso.

III.4. ORIENTACIÓN DE INSTRUMENTOS

III.4.1. Acimut y orientación

Por definición, se denomina *acimut topográfico de una dirección*, y se designa por la letra griega θ, al ángulo que forma en el plano horizontal la línea Norte-Sur con dicha dirección, contado a partir del Norte Geográfico y en el sentido de las agujas del reloj.

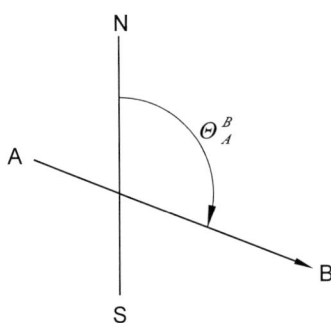

El acimut topográfico de la dirección A-B es el ángulo: θ_A^B

El acimut topográfico de una dirección se puede obtener mediante cálculo trigonométrico a partir de las coordenadas planimétricas (X, Y) de sus dos puntos extremos, referidas a un sistema cartesiano cuyo eje YY' coincida con la dirección Norte-Sur (sistema orientado).

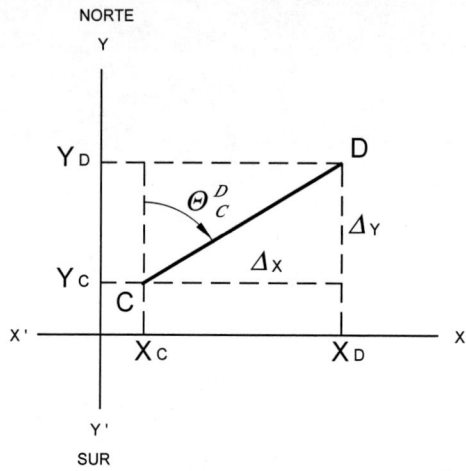

$$\theta_C^D = arc\ tag\ \frac{X_D - X_C}{Y_D - Y_C}$$

Al determinar acimutes trigonométricamente, debe tenerse en cuenta que el extremo D de la alineación puede ocupar cualquiera de los cuatro cuadrantes definidos por el sistema de ejes cartesianos que pasan por el punto C y que la expresión anterior solo es válida para el caso de primer cuadrante. Las fórmulas para los restantes cuadrantes son:

Para el 2º:

$$\theta_C^D = 200 - arc\ tag\ \frac{\Delta X}{\Delta Y}$$

Para el 3º:

$$\theta_C^D = 200 + arc\ tag\ \frac{\Delta X}{\Delta Y}$$

Para el 4°:

$$\theta_C^D = 400 - arc\ tag\ \frac{\Delta X}{\Delta Y}$$

Instrumentos orientados

Se dice que un instrumento está orientado cuando, una vez puesto en estación, su círculo acimutal se ha colocado de forma que la lectura horizontal cero corresponde a la dirección del Norte Geográfico.

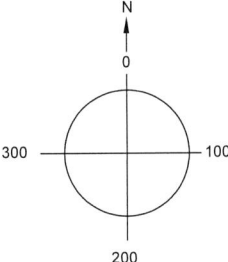

Cuando las lecturas horizontales se desarrollan (crecen) en el sentido de las agujas del reloj, las lecturas que se obtienen en el círculo horizontal al realizar observaciones con un instrumento orientado son acimutes, ya que cifran ángulos horizontales que tienen su origen en el Norte Geográfico (el cero del circulo horizontal está en esa dirección) y crecen en el sentido de las agujas del reloj.

III.4.2. Orientación del taquímetro

Un taquímetro o estación total se orienta manipulando su círculo horizontal, que es móvil, hasta conseguir que la lectura cero corresponda a la dirección del Norte Geográfico. Para ello, es necesario conocer previamente el acimut de una dirección que pase por el punto donde está estacionado el instrumento.

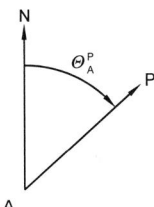

Sea A un punto de estación y AP una dirección de acimut conocido: θ_A^P. Para realizar la orientación del instrumento en A, se procederá como sigue:

Puesto el instrumento en estación, se moverá la alidada con el movimiento particular hasta conseguir que los índices del limbo acimutal señalen una lectura igual al valor de θ_A^P. Luego, utilizando el movimiento general, se visará al punto P. Con ello, se habrá conseguido que la lectura cero corresponda a la dirección Norte Geográfico, según se desprende de la observación de la figura, quedando, por tanto, el instrumento orientado.

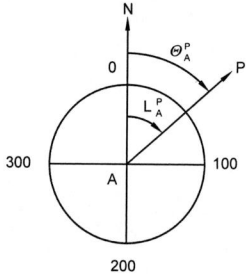

Una vez orientado un instrumento en una estación, para realizar observaciones desde ella solo se deberá emplear el movimiento particular de la alidada, ya que si se usase el movimiento general, se movería el círculo horizontal y, consecuentemente, se destruiría la orientación.

III.4.3. Desorientación de una vuelta de horizonte

Cuando un instrumento se ha estacionado sin orientar, la línea 0-200 de su círculo horizontal ocupa una posición aleatoria, formando con la dirección Norte un cierto ángulo horizontal que se denomina: *desorientación* (δ) de la vuelta de horizonte en la estación.

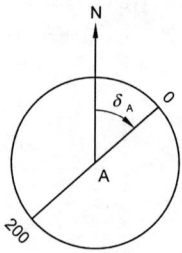

La desorientación de un instrumento en una estación se puede determinar si se conoce previamente el acimut de una dirección que pase por la estación. Conocido este, para obtener la desorientación bastará con visar a dicha dirección y restar al valor del acimut conocido la lectura horizontal obtenida en la visual.

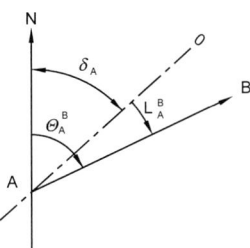

Si θ_A^B es el acimut conocido de la dirección AB, y L_A^B la lectura horizontal obtenida al colimar al punto B desde la estación A, la desorientación de la vuelta de horizonte en dicha estación valdrá:

$$\delta_A = \theta_A^B - L_A^B$$

Por otro lado, conociendo la desorientación en una estación, es posible transformar en acimutes las lecturas horizontales obtenidas en la toma de datos realizada desde dicha estación. Para ello, no hay más que sumarle a lecturas la desorientación de la vuelta de horizonte de la estación correspondiente.

En efecto, si L_A^C es la lectura acimutal obtenida al visar desde A al otro punto, el C por ejemplo, el acimut de la dirección A-C vendrá dado por la expresión:

$$\theta_A^C = L_A^C + \delta_A$$

según se desprende de la observación de la figura siguiente:

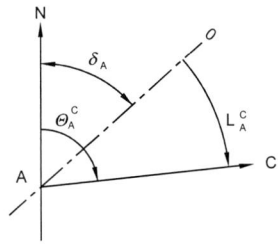

Ejemplo

Desde un punto de estación A se ha visado con un instrumento sin orientar a otros dos, B y C, habiéndose obtenido las siguientes lecturas acimutales:

$$L_A^B = 117,42 \ gon \qquad\qquad L_A^C = 308,17 \ gon$$

¿Cuánto valdrá el acimut de la dirección AC (θ_A^C) si el acimut de la dirección AB (θ_A^B) es 239,43 gon?

Solución.-

1.- Cálculo de la desorientación de la vuelta de horizonte en A.

desorientación en A (δ_A) = acimut AB (θ_A^B) - lectura AB (L_A^B)

$$\delta_A = 239,43 - 117,42 = 122,01 \ gon$$

2.- Cálculo del acimut de la dirección AC:

acimut AC (θ_A^C) = desorientación en A (δ_A) + lectura AC (L_A^C)

$$\theta_A^C = 122,01 + 308,17 = 430,18 - 400 = 30,18 \ gon^2$$

---

[2] Siempre que el valor obtenido para el acimut sea mayor de 400 gon, hay que restarle dicha cantidad.

IV. PLANIMETRÍA

IV.1. MÉTODO DE RADIACIÓN

IV.1.1. Descripción del método

En general, los métodos planimétricos resuelven el problema de la determinación de las posiciones que ocupan sobre el plano horizontal de referencia las proyecciones de los puntos del terreno que forman parte de un levantamiento.

El método de radiación se basa en el sistema polar de referencia. Consiste en determinar la posición de los puntos del levantamiento relacionándolos con otro de posición previamente conocida mediante los parámetros: ángulo horizontal y distancia reducida.

El método se utiliza, esencialmente, para el levantamiento de planos de superficies de pequeña extensión y de los elementos de detalle de todo tipo de planos.

El procedimiento operatorio es sencillo. Consiste en estacionar el instrumento en un punto de posición conocida[3] desde el que se vean todos los que se quieren levantar (puntos que en la radiación se denominan *destacados*) y realizando las oportunas punterías a cada uno de los puntos, ir tomando los ángulos horizontales y los datos necesarios para determinar las respectivas distancias reducidas al punto de estación.

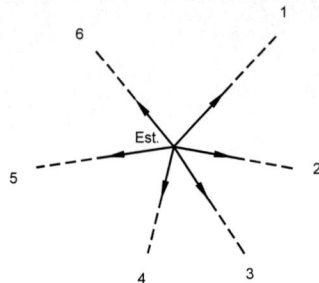

La toma de datos podrá realizarse con el instrumento previamente orientado, *radiación orientada*; o sin orientar, dejando el círculo horizontal en la posición aleatoria en la que haya quedado al ponerlo en estación, *radiación no orientada*.

Al aplicar el método de radiación debe tenerse en cuenta que, en principio, un levantamiento por radiación carece de comprobación. Si por cualquier causa se ha cometido una equivocación al posicionar un destacado, esta puede pasar totalmente desapercibida y consecuentemente obtenerse un plano erróneo. Por ello, es aconsejable tomar, además de los datos ya indicados, otros que sirvan de comprobación. Una posible comprobación es destacar los mismos puntos desde dos estaciones distintas.

IV.1.2. Trabajos de campo

Croquis del levantamiento

Todo levantamiento se debe iniciar con la confección de una serie de croquis que, en función de la escala elegida para el plano que se pretende dibujar, reflejen fielmente los elementos cuya representación gráfica se va

---

[3] Punto señalado sobre el terreno cuyas coordenadas *X, Y* son conocidas o se suponen, según el caso.

a abordar. (Recuérdese que solo se deben levantar aquellos elementos del terreno que tengan representación gráfica a la escala del plano).

A la vista del croquis se elegirán los puntos que haya que levantar. Estos se deberán ir marcando a medida que se tomen sus datos. Este proceder permite conocer en todo momento lo que se lleva levantado y lo que queda aún por levantar, sirviendo para no dejar lagunas en el trabajo.

También se deberán consignar en el croquis los nombres de los lugares, toponimia, y cualquier otra anotación que se considere que deba figurar en el plano.

Elección de puntos

El hecho de que en los levantamientos topográficos se tomen única-mente puntos, hace necesario que al realizar la toma de datos se deba escoger de entre la infinidad de puntos que componen los elementos que figuran en el croquis, aquellos que se deban levantar y los que se debe ignorar.

Para realizar una adecuada elección de puntos, se deben descomponer los elementos que han de levantarse en segmentos elementales, rectas y curvas, y determinar los puntos que son necesarios para definir geomé-tricamente dichos segmentos.

En general, los segmentos rectos se definirán mediante los puntos de sus extremos. Los curvos, mediante puntos consecutivos elegidos de tal forma que no tenga representación gráfica la flecha existente entre el segmento que los une y el lado curvo correspondiente. (Para que la flecha no tenga representación gráfica deberá ser menor que el índice de percepción visual multiplicado por el denominador de la escala a la que se va a hacer el plano: *flecha < 0,0002 x M*).

Toma de datos

Se realiza simultáneamente con la elección de los puntos, a medida que se vayan eligiendo estos. Los puntos se deben identificar en el croquis mediante números correlativos. Los datos de campo resultantes de las observaciones se deben recoger ordenadamente en estadillos o impresos similares al que se adjunta.

ESTA-CION	i	Puntos obser-vados	LECTURA DE HILOS		g	d	LECTURA CIRCULOS	
			Extremos	Axial			Acimutal	Vertical

Los datos que se deben tomar son:

<u>Radiación con taquímetro y mira</u>

- Lectura de los tres hilos del retículo sobre la mira.
- Lecturas de los círculos horizontal y vertical.

<u>Radiación con estación total y prisma</u>

- Distancia reducida.
- Lectura del círculo horizontal

La toma de datos se debe iniciar siempre visando a un punto fijo y lejano que se toma como referencia de partida. De esta visual solo se anotará la lectura del círculo horizontal. Se continuarán realizando las oportunas punterías a los puntos que se quiera levantar, anotando en cada una de ellas la lectura del círculo horizontal y los datos necesarios para determinar la distancia reducida entre el punto y la estación. La toma de datos se debe terminar siempre visando nuevamente al punto de referencia inicial. De esta visual solo se anotará la lectura del círculo horizontal que se comparará con la obtenida en la primera visual. Si ambas coinciden, se puede dar por buena la toma de datos. Si difieren, significa que el aparato se ha movido durante las operaciones de campo y por tanto la toma de datos no es válida. Debe hacerse nuevamente.

Si las observaciones han de hacerse aplicando la regla Bessel, se hará una primera toma de datos en la posición CD y una segunda vuelta tomándolos en la posición CI.

IV.1.3. Solución numérica de la radiación

Consiste en calcular a partir de los datos de campo, las coordenadas X, Y de los puntos destacados.

En primer lugar se deben obtener, si no se dispone del dato, las distancias reducidas correspondientes.

Para el cálculo de las coordenadas, se considera un imaginario sistema cartesiano de referencia situado sobre el círculo horizontal y centrado en el punto de estación.

Si la radiación se ha observado orientada, el imaginario sistema cartesiano de referencia quedará orientado, con el eje YY', en la dirección del Norte Geográfico.

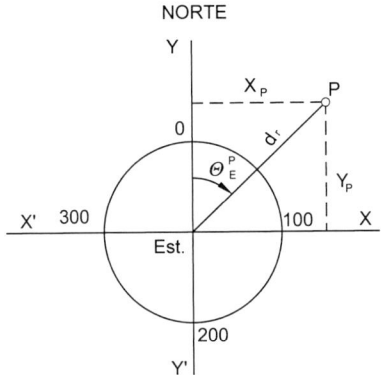

Y las coordenadas rectangulares (x, y) de los puntos destacados referidas a dicho sistema se podrán obtener mediante las fórmulas:

$$x_P = d_R \cdot \operatorname{sen} \theta$$

$$y_P = d_R \cdot \cos \theta$$

Estas fórmulas también son de aplicación en el caso de radiaciones no orientadas en las que se conozca la desorientación de la estación y por lo tanto se puedan calcular los acimutes de las visuales a los destacados.

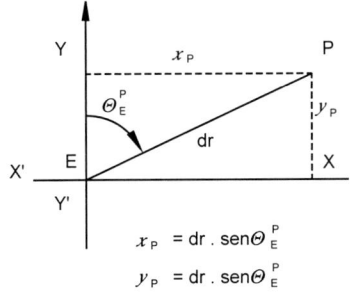

$$x_P = dr \cdot \operatorname{sen} \Theta_E^P$$
$$y_P = dr \cdot \operatorname{sen} \Theta_E^P$$

Si la radiación se ha hecho sin orientar y no se está en condiciones de obtener los acimutes de los destacados, el eje *YY'* del sistema cartesiano se considerará situado en la dirección arbitraria en la que ha quedado el cero del circulo horizontal al poner en estación el instrumento.

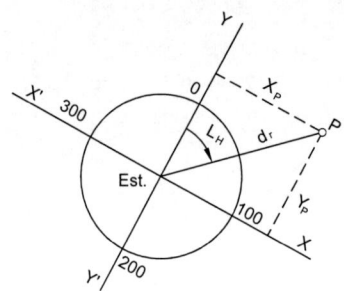

y las fórmulas que permiten obtener las coordenadas cartesianas de los destacados serán, en este caso:

$$x_P = d_R \cdot \operatorname{sen} L_H$$

$$y_P = d_R \cdot \cos L_H$$

según se desprende de la figura, siendo, L_H la lectura horizontal obtenida al visar al destacado.

Esta segunda posibilidad, si bien resuelve el problema del posicionamiento de los destacados, tiene el inconveniente de que, al tener un origen arbitrario, las posiciones obtenidas no podrán relacionarse con las de otros levantamientos de la misma zona o colindantes.

IV.1.4. Coordenadas particulares y coordenadas generales

Las coordenadas rectangulares que se obtienen con las fórmulas anteriores están referidas a un sistema cartesiano centrado en el punto de estación. En general, las coordenadas referidas a sistemas centrados en los puntos de estación se denominan: *coordenadas particulares o relativas*. En un levantamiento topográfico habrá tantos sistemas de coordenadas particulares como estaciones tenga el levantamiento.

Coordenadas generales

El sistema de coordenadas particulares no sirve para resolver el posicionamiento de los puntos de un levantamiento cuando en él hay más de una estación. Al final podría haber varios puntos con las mismas coordenadas particulares.

Se evita este inconveniente empleando otro tipo de coordenadas denominadas: *coordenadas generales o absolutas*, referidas a un único sistema de referencia, general para todo el levantamiento, que no está centrado en ninguna estación, y que se considera orientado (su eje YY′ coincidente con la dirección del Norte Geográfico).

Las coordenadas generales de los destacados se pueden obtener fácilmente a partir de sus coordenadas particulares siempre que se cumplan las dos condiciones siguientes:

1.- Que las coordenadas particulares hayan sido calculadas a partir de los acimutes de sus visuales[4].

2.- Que sean conocidas las coordenadas generales de la estación desde la que se ha hecho la radiación.

Cumplidas las condiciones anteriores, para obtener las coordenadas generales de los puntos, bastará sumar algebraicamente a sus coordenadas particulares las coordenadas generales de la estación desde la que han sido destacados.

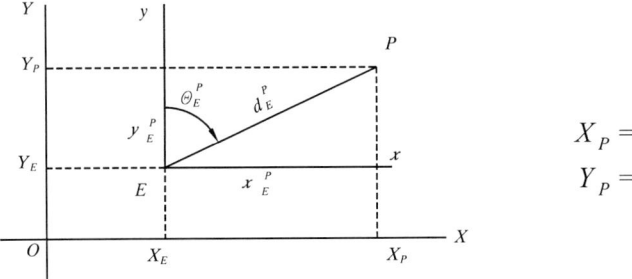

$$X_P = x_{E-P} + X_E$$
$$Y_P = y_{E-P} + Y_E$$

---

[4] Ello es necesario porque los ejes de los sistemas de referencia particular y general deben ser paralelos.

Ejemplo

Con el fin de obtener las coordenadas generales de un punto del terreno, P, se ha estacionado un instrumento centesimal de $K = 100$ en un punto E de coordenadas generales: $X_E = 205,30$; $Y_E = 456,23$, y se ha situado una mira vertical en P. Aplicando el método de radiación orientada y observación con Regla Bessel, se han obtenido los siguientes datos que figuran en el estadillo adjunto. Calcular las coordenadas generales de P.

ESTA-CION	i	Puntos obser-vados	LECTURA DE HILOS			g	d	LECTURA CIRCULOS	
			Extremos		Axial			Acimutal	Vertical
E		P	1,20	1,84	1,52			128,360	89,700
								328,380	310,340

Solución.- Los pasos a seguir son:

1.° Dado que la observación se ha realizado con Regla Bessel, es necesario, en primer lugar, obtener los valores acimutal y cenital definitivos.

2.° Cálculo de la distancia reducida entre la estación y el destacado.

3.° Cálculo de las coordenadas particulares del destacado P respecto del punto de estación E.

4.° Cálculo de las coordenadas generales de P.

Desarrollo.

1.° Obtención de los valores acimutal y cenital definitivos.

- En observaciones acimutales con Regla Bessel, se toma como valor definitivo el promedio de las dos lecturas obtenidas, corrigiendo previamente la obtenida en CI en *200* gon.

Lectura acimutal definitiva = 128,37 gon

Además, como la radiación ha sido orientada, las lecturas acimutales obtenidas son acimutes, por tanto:

$$\theta_E^P = 128,37 \ gon$$

- En observaciones cenitales, se toma como valor definitivo la lectura correspondiente a la posición CD una vez se la haya corregido de eclímetro. Como el instrumento empleado mide distancias cenitales:

$$V = 89,68 \ gon$$

2.° Obtención de la reducida.

$$l = 1,84 - 1,20 = 0,64 \ m; \ g = 0,64 \ x \ 100 = 64 \ m$$

$$d_R = 64 \cdot \text{sen}^2 \ 89,68 = 62,33 \ m$$

3.° Cálculo de las coordenadas particulares de P respecto de E.

$$x_{E-P} = 62,33 \cdot sen \ 128,37 = 56,24$$
$$y_{E-P} = 62,33 \cdot \cos 128,37 = -26,86$$

4.° Cálculo de las coordenadas generales de P.

$$X_P = 205,30 + 56,24 = 261,54$$
$$Y_P = 456,23 \ - 26,86 = 429,37$$

IV.1.5. Transporte de puntos y dibujo del plano

El dibujo del plano consiste en obtener sobre un papel, u otro soporte adecuado, la representación gráfica de los elementos del terreno que se han levantado.

El proceso se inicia siempre con la operación denominada: *transporte de los destacados*. Consiste en situar sobre el soporte del dibujo los puntos que se han levantado en campo, colocándolos en una correcta posición respecto a los de su entorno.

El transporte podrá hacerse de dos formas: por coordenadas cartesianas o a partir de los datos de campo.

En cualquier caso, una vez transportados los puntos, para obtener el plano de la zona levantada habrá que unirlos entre sí, a la vista del croquis, en la misma forma en que lo estaban en el terreno.

Transporte por coordenadas cartesianas.-

Para realizarlo, bastará con disponer un sistema cartesiano en el soporte del dibujo y situar en él, mediante sus respectivas coordenadas X, Y, tomadas a la escala conveniente, los distintos puntos destacados.

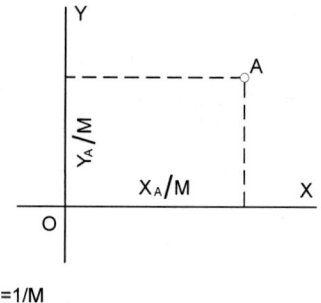

Transporte a partir de los datos de campo.

Consiste en repetir sobre el soporte de dibujo los datos tomados en campo para cada punto, ángulo horizontal y distancia reducida, en su mismo orden y a escala. En sentido estricto, este procedimiento de transporte solo es adecuado cuando se utiliza en el ámbito de un programa de dibujo informatizado adecuado tipo AUTOCAD.

También se puede hacer de una forma elemental y muy poco rigurosa mediante transportador de ángulos y regla:

Sobre un papel en el que esté dibujado el punto de estación, se sitúa el transportador centrado en él. Luego se señalan sobre el borde del transportador las lecturas acimutales obtenidas en el campo, con ello se tendrá la dirección de los radios vectores de los distintos destacados.

Finalmente, llevando sobre cada una de las direcciones las respectivas distancias reducidas, a la escala conveniente, se obtendrá la posición gráfica de los distintos destacados.

IV.2. MÉTODO DE POLIGONACIÓN

IV.2.1. Descripción del método

Cuando desde una sola estación no sea posible destacar todos los puntos de un levantamiento, será necesario emplear dos o más estaciones que deberán situarse necesariamente en puntos de posición previamente conocidos. Además, las posiciones de todas ellas deberán estar referidas a un único sistema general de referencia. Una de las formas de conseguirlo es aplicando el método de poligonación.

Consiste el método en determinar la posición de una serie de puntos relacionando cada uno de ellos con el anterior y con el siguiente mediante acimut topográfico y distancia reducida, a partir de uno de posición previamente conocida, en una sucesión encadenada de radiaciones que se denomina *itinerario*.

Los puntos levantados son las *estaciones* del itinerario. Los segmentos entre los puntos son los *tramos* o ejes del mismo. El conjunto de los tramos de un itinerario forma una *poligonal*, de ahí el nombre de poligonación para el método.

El método de poligonación también es de aplicación en levantamientos perimetrales y para establecer el trazado de vías de comunicación o elementos lineales.

Desarrollo de un itinerario

Para desarrollar un itinerario se empieza estacionando en el punto de posición conocida que va a constituir la primera estación y desde él, tomando una dirección de referencia, se destaca por radiación el siguiente punto, que será la segunda estación del itinerario. Luego se estaciona en este y, tomando como referencia el primer punto, se destaca la tercera estación. Estacionado en la tercera, se posiciona la cuarta de forma análoga, y así sucesivamente hasta llegar a la última estación, que debe ser, al igual que la primera, de posición previamente conocida.

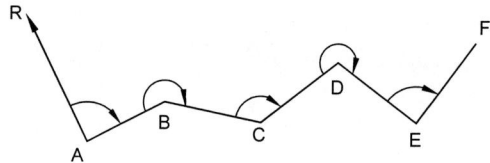

Los itinerarios, por la naturaleza de sus puntos inicial y final, se clasifican en *cerrados* y *encuadrados*.

Un itinerario es *cerrado* cuando la primera y la última estación se sitúan en un mismo punto. Es *encuadrado* cuando la primera y la última estación se sitúan en puntos distintos.

Itinerario cerrado   *itinerario encuadrado*

Cuando el punto sobre el que se realiza la última estación del itinerario no tiene posición previamente conocida, se dice que el itinerario es *colgado*.

IV.2.2. Itinerarios orientados y no orientados

Atendiendo al método operatorio, los itinerarios pueden ser *orientados* o *no orientados*. En el itinerario orientado, el instrumento con el que se realiza la toma de datos se sitúa orientado en cada una de las estaciones que componen el itinerario. (Con ello, se van obteniendo directamente acimutes de los tramos). En los no orientados, el limbo acimutal del aparato se deja en la posición aleatoria en que haya quedado al ponerlo en estación.

Observación de itinerarios orientados

<u>Caso de itinerarios encuadrados.</u>- Para poder desarrollar en campo un itinerario orientado encuadrado, es necesario conocer previamente los acimutes de dos direcciones que pasen, respectivamente, por las estaciones inicial y final de itinerario.

Sea un itinerario encuadrado entre los puntos *A* y *D*. El método operatorio es sencillo: Se estaciona el instrumento en el punto de partida *A*, primera estación del itinerario y se procede a orientarlo. Para ello, si *A-R_S* es la dirección de acimut conocido desde *A*, se hará marcar en el círculo horizontal la lectura correspondiente a dicho acimut, $\theta_A^{R_S}$, luego, apretado el tornillo de presión de la alidada y flojo el del movimiento general, se dirigirá la puntería al punto R_S, haciendo la colimación con el movimiento general, con lo que quedará orientado el aparato.

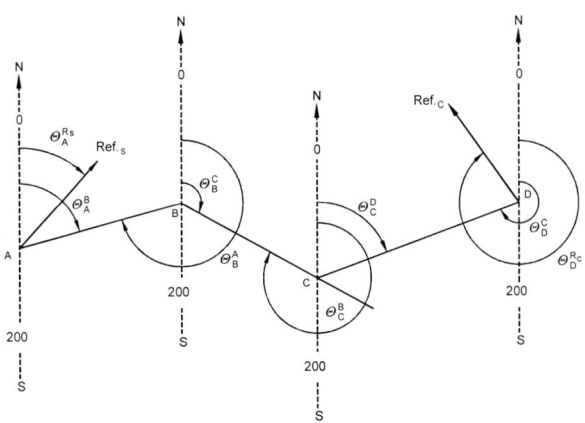

A continuación, manteniendo el tornillo de presión general apretado, se soltará la alidada y, con el movimiento particular, se dirigirá la visual a la segunda estación del itinerario, punto B. Una vez que el punto B esté colimado, se tomará la lectura del círculo horizontal, que, por estar orientado el instrumento, dará el acimut de la dirección AB (θ_A^B). Así mismo se tomarán los datos necesarios para determinar la distancia reducida AB. Todos los datos recogidos se anotarán en un registro oportuno. Con esto, se habrá acabado la observación en la estación A.

Trasladado y estacionado el instrumento en B, se deberá orientar visando al punto A. Para ello, se utilizará el acimut de la dirección BA (θ_B^A), siendo:

$$\theta_B^A = \theta_A^B \pm 200 \; gon$$

Una vez orientado el instrumento, se dirigirá la puntería a C, tercera estación del itinerario, operando de la misma forma en que se hizo en A.

Se continuará así la observación del itinerario, de forma que, en cada estación, se orientará visando a la de atrás y se colimará luego a la de delante para determinar acimut y distancia reducida. Al llegar al punto D de cierre, última estación del itinerario, se orientará visando a la estación anterior y luego se dirigirá la visual al punto que se toma como referencia de cierre, R_C, cuyo acimut, $\theta_D^{R_C}$, deberá ser conocido de antemano, y se tomará la lectura acimutal correspondiente. En general, el acimut que se lea en el aparato nunca coincidirá con el conocido de antemano. La diferencia entre ambos será un error angular que se denomina: *error acimutal de cierre*. Para que el itinerario sea válido, el error acimutal de cierre no podrá exceder a un valor máximo previamente establecido denominado *tolerancia*.

Caso de itinerarios cerrados.-.

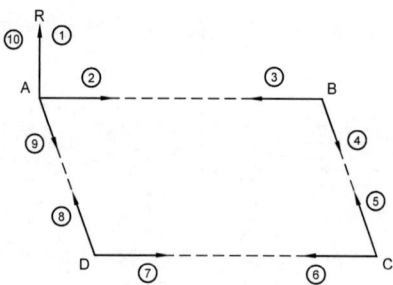

En estos itinerarios, como las estaciones de arranque y cierre del itinerario se sitúan en el mismo punto, solo será necesario disponer de una dirección de acimut conocido. En ella se orientará al iniciar el itinerario, y se cerrará al finalizarlo.

El método operatorio de campo es el mismo que ya se ha indicado para los encuadrados, salvo que, al tratarse de un itinerario cerrado, la observación en la última estación incluirá una visual a la primera, y luego, para finalizarlo, habrá que volver a estacionar en la estación inicial, orientar en la última y cerrar en la referencia, que será la misma que se ha empleado para el arranque.

Observación de itinerarios no orientados

Caso de itinerarios encuadrados.- Para desarrollar en campo un itinerario encuadrado no orientado, se procederá como sigue:

Una vez estacionado el instrumento en la estación de salida, se visará a un punto de posición conocida, que se toma como referencia de salida (R_S), y se realizará una lectura acimutal. Seguidamente se visará a la segunda estación del itinerario con el movimiento particular de la alidada y se realizará una observación completa (ángulos y distancia reducida).

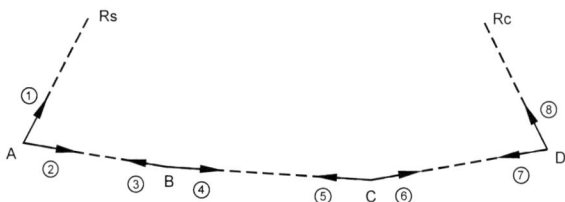

En las estaciones intermedias se visará con el movimiento particular a la anterior y a la siguiente, haciéndose observaciones completas. Al llegar a la estación de cierre del itinerario, se visará a la anterior, penúltima del itinerario, y luego a un punto de posición conocida, R_C, que se tomará como referencia de cierre, del que solo se tomará la lectura acimutal.

Cuando sean visibles entre sí las estaciones inicial y final de itinerario, A y D en este caso, se puede tomar a la estación final, D, como punto de referencia de arranque y a la inicial, *A*, como punto de referencia de cierre (referencias internas).

Caso de itinerarios cerrados.- En general, el método operatorio de campo es el mismo que ya se ha indicado para los encuadrados, salvo que, al tratarse de un itinerario cerrado, la observación en la última estación incluirá una visual a la primera, y luego, para finalizarlo, habrá que volver a estacionar en la estación inicial, visar a la última y cerrar en la referencia, que será la misma que se ha empleado para el arranque.

En los itinerarios cerrados y aislados también se puede emplear como una referencia interna un eje del propio itinerario. El procedimiento es el siguiente: se estaciona el instrumento en el punto de partida *A*, primera estación del itinerario, y se visa directamente a la segunda estación, *B*, anotando la lectura acimutal correspondiente y los datos necesarios para determinar la distancia reducida *AB*. Con esto se habrá acabado la observación en *A*.

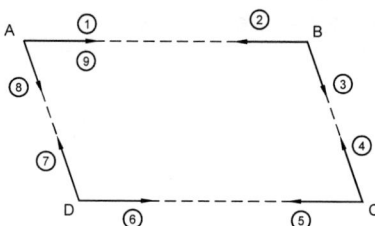

A partir de aquí, se continuará el itinerario siguiendo el procedimiento general ya descrito. Al llegar al punto de cierre del itinerario, que es el mismo punto de partida *A*, se estacionará nuevamente en él, se dirigirá la visual a la estación anterior, última del itinerario, y se anotará la lectura acimutal. Luego, con el movimiento particular, se dirigirá la visual a la segunda estación del itinerario, la *B*, tomándose también la correspondiente lectura acimutal, dándose con ello por finalizado el itinerario.

IV.2.3. Corrida de acimutes en itinerarios no orientados

Cuando se ha observado un itinerario sin orientar, las lecturas horizontales obtenidas tienen un origen arbitrario y, por lo tanto, no indican los acimutes de los tramos. Sin embargo, para determinar el error acimutal de cierre y para resolver posteriormente el itinerario es necesario conocerlos.

La operación que permite calcular los acimutes de los tramos de un itinerario observado sin orientar se conoce con el nombre de *corrida de acimutes*. El cálculo se realiza operando en cada estación a partir de la primera, de la forma siguiente:

1º.- Se obtiene la desorientación de la estación. Para ello, se resta del acimut de la visual dirigida a la estación de atrás la lectura acimutal obtenida para dicha visual (siempre en este sentido). En la primera estación se operará con el acimut y la lectura correspondientes a la referencia de salida.

2º.- Se determina el acimut de la visual dirigida a la estación de delante. Para ello se suma a la desorientación obtenida la lectura acimutal correspondiente. Si el resultado de dicha suma fuese mayor de *400* gon para obtener el acimut se le deberá restar una vuelta completa, *400*.

Ejemplo

Los datos siguientes corresponden a una poligonal sin orientar.

ESTA-CIÓN	i	Puntos obser-	LECTURA DE HILOS		g	d	LECTURA CÍRCULOS	
			Extremos	Axial			Acimutal	Vertical
A		R_S					117,420	
		B					308,170	
B		A					341,390	
		C					273,170	
C		B					91,460	
		D					163,270	
D		C					183,420	
		R_C					69,550	

El itinerario se inició en el punto A visando al R_S que se tomó como referencia de salida ya que el acimut, $\theta_A^{R_S} = 239,43 \ gon$ era conocido; y se terminó en el punto D, visando al R_C que se tomó como referencia de cierre, ya que el acimut $\theta_D^{R_C} = 120,00 \ gon$, era también conocido.

Calcular los acimutes de los ejes del itinerario y el error acimutal de cierre.

Solución:

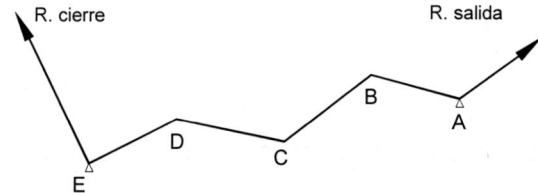

Estación en A:

Desorientación (δ_A) = Acimut atrás ($\theta_A^{R_S}$) - Lectura atrás ($L_A^{R_S}$)

$$\delta_A = 239,43 - 117,42 = 122,01 \ gon$$

Acimut adelante (θ_A^B) = Desorientación (δ_A) + Lectura adelante (L_A^B)

$$\theta_A^B = 122,01 + 308,17 = 430,18 - 400 = 30,18$$

Estación en B:

Desorientación (δ_B) = Acimut atrás (θ_B^A) - Lectura atrás (L_B^A)

$$\theta_B^A = \theta_A^B + 200 = 30,18 + 200 = 230,18$$

$$\delta_B = 230,18 - 341,39 = - 111,21$$

Acimut adelante (θ_B^C) = Desorientación (δ_B) + Lectura adelante (L_B^C)

$$\theta_B^C = -111,21 + 273,17 = 161,96$$

Estación en C:

Desorientación (δ_C) = Acimut atrás (θ_C^B) - Lectura atrás (L_C^B)

$$\theta_C^B = \theta_B^C + 200 = 161,96 + 200 = 361,96$$

$$\delta_C = 361,96 - 91,46 = 270,50$$

Acimut adelante (θ_C^D) = Desorientación (δ_C) + Lectura adelante (L_C^D)

$$\theta_C^D = 270,50 + 163,27 = 433,77 - 400 = 33,77$$

Estación en D:

Desorientación (δ_D) = Acimut atrás (θ_D^C) - Lecturas atrás (L_D^C)

$$\theta_D^C = \theta_C^D + 200 = 33,77 + 200 = 233,77$$

$$\delta_D = 233,77 - 183,42 = 50,35$$

Acimut adelante ($\theta_D^{R_C}$) = Desorientación (δ_D) + Lectura adelante ($L_D^{R_C}$)

$$\theta_D^{R_C} = 50,35 + 69,55 = 119,90$$

Error acimutal de cierre del itinerario

Acimut de cierre obtenido 119,90

Acimut de cierre dato .... -120,00

Error acimutal   - 0,10 gon

IV.2.4. Solución numérica de los itinerarios

Consiste en el cálculo de las coordenadas generales de las estaciones. Su fundamento teórico es sencillo: como se conocen los acimutes de los tramos del itinerario, caso de itinerarios orientados, o se pueden calcular si este fuese sin orientar, y además se conocen sus longitudes, es fácil obtener las coordenadas particulares de cada estación respecto al sistema de referencia centrado en la anterior, mediante las conocidas fórmulas:

$$x_{1-2} = d_R \cdot \mathrm{sen}\, \theta_1^2$$

$$y_{1-2} = d_R \cdot \cos \theta_1^2$$

y luego, obtener sus coordenadas generales:

$$\mathrm{X}_2 = x_{1-2} + \mathrm{X}_1$$

$$\mathrm{Y}_2 = y_{1-2} + \mathrm{Y}_1$$

En la práctica, la cuestión no es tan sencilla. Al calcular las coordenadas generales de la última estación del itinerario, estas deberían coincidir con los valores conocidos de antemano como datos de partida[5]. Sin embargo, a causa de los errores accidentales, angulares y en las medidas de las distancias, que se van acumulando en la observación del itinerario, las coordenadas generales de la última estación calculadas mediante los datos del itinerario son erróneas, y por lo tanto, aproximadas y no coincidentes con los valores exactos conocidos de antemano.

Las diferencias que aparecen entre dichas parejas de valores se denominan, respectivamente, *error de cierre en x* (E_X) y *error de cierre en y* (E_Y). Al conjunto de los dos errores se les llama: *errores de cierre en coordenadas del itinerario*.

---

[5] Recuérdese que la primera y la última estación de un itinerario deben situarse en puntos de posición previamente conocida.

Los errores E_X y E_Y dan idea de la precisión del itinerario ya que indican la discrepancia entre la situación exacta del punto de llegada del itinerario, que es conocida de antemano, y la obtenida al desarrollarlo en campo.

Si los errores son tolerables, se debe proceder a su compensación (aplicación de una corrección de igual valor y signo contrario que el error) con el fin de que ambas parejas de valores coincidan.

Procedimiento de cálculo

El procedimiento que permite resolver numéricamente un itinerario se estructura en las siguientes operaciones sucesivas:

1. Determinación de los acimutes de los tramos (solo en el caso de itinerarios no orientados).

2. Compensación del error acimutal de cierre.

3. Cálculo de las coordenadas particulares de cada estación respecto del sistema centrado en la anterior.

4. Determinación y compensación de los errores de cierre en coordenadas.

5. Cálculo de las coordenadas generales definitivas de las estaciones del itinerario.

Desarrollo.

1.- Determinación de los acimutes de los tramos si el itinerario es no orientado.- Se obtienen mediante la corrida de acimutes, procedimiento ya expuesto.

2.- Determinación y compensación (eliminación) del error acimutal de cierre.- El error acimutal de cierre se obtiene por diferencia entre el acimut aproximado obtenido en la visual de la referencia de llegada y el valor exacto de dicho acimut conocido de antemano como dato de partida.

Una vez conocido el error acimutal de cierre, si su valor es aceptable, es necesario compensarlo (eliminarlo), aplicando a los acimutes unas determinadas correcciones. Estas no serán todas iguales. Su valor dependerá del lugar que ocupa cada acimut en el itinerario.

Para calcularlas, se divide el error acimutal de cierre cambiado de signo, *c"*, por el número de acimutes a corregir, *n*, y el cociente resultante se va multiplicando por el número de orden que ocupa cada acimut en el itinerario. De esta forma, la corrección para el primer acimut a corregir será: *c"/n*. Para el segundo: *2c"/n*. Para el tercero: *3c"/n*. Y así sucesivamente hasta llegar al de cierre, al que siempre se le deberá aplicar una corrección igual a la totalidad del valor de *c"*.

Al obtener los valores de las correcciones, puede suceder que algunas tengan más cifras decimales que los acimutes (cuatro o más cifras decimales cuando los acimutes tienen normalmente tres). En tales casos, es aconsejable redondearlas con el fin de adecuar sus decimales a los de los acimutes.

Finalmente, la compensación de los acimutes se hará sumando algebraicamente a cada uno de ellos la corrección correspondiente. En cualquier caso, al terminar la compensación, el acimut de cierre corregido deberá ser exactamente igual a su valor conocido de antemano como dato de partida.

3.- <u>Cálculo de las coordenadas parciales</u>.- Una vez obtenidos los acimutes compensados de los tramos y calculadas las distancias reducidas correspondientes, se está en disposición de calcular las coordenadas parciales de cada estación respecto del sistema cartesiano centrado en la anterior. Las coordenadas se calculan, según ya se ha indicado repetidas veces, mediante las fórmulas:

$$x = d_R \cdot \operatorname{sen}\theta \qquad y = d_R \cdot \cos\theta$$

4.- <u>Determinación y compensación de los errores de cierre en coordenadas</u>.- *Determinación del error*.- El error de cierre en coordenadas se puede obtener, indistintamente, a partir de las coordenadas generales o a partir de las particulares.

En el primer supuesto, tras calcular las coordenadas generales de las estaciones, el error se obtiene por diferencia entre los valores de las coordenadas generales de la última estación obtenidos mediante cálculo a través de los datos del itinerario, y sus valores exactos conocidos de antemano.

La obtención del error de cierre en coordenadas a partir de las coordenadas particulares se inicia sumando algebraicamente (con su signo) las sucesivas coordenadas parciales calculadas con los datos del itinerario. Obteniéndose, de esta forma, unos valores aproximados de las coordenadas particulares de la última estación respecto de la primera.

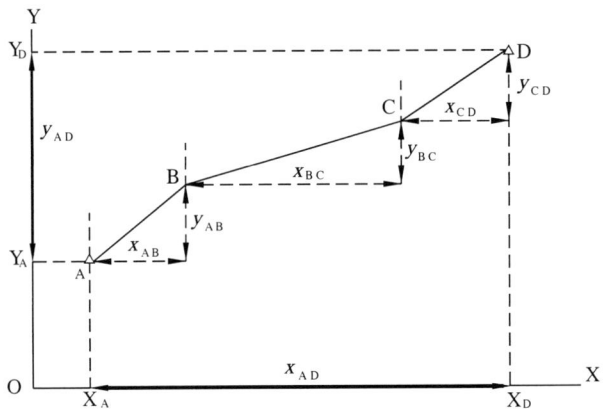

$$x_{A-B} + x_{B-C} + x_{C-D} = x'_{A-D}$$

$$y_{A-B} + y_{B-C} + y_{C-D} = y'_{A-D}$$

Por otro lado, restando a las coordenadas generales de la última estación las coordenadas generales de la primera, valores ambos conocidos de antemano como datos de partida, se obtendrán los valores exactos de las coordenadas particulares de la última estación respecto de la primera.

$$X_D - X_A = x_{A-D}$$

$$Y_D - Y_A = y_{A-D}$$

123

Finalmente, la diferencia entre ambas parejas de valores dará el error de cierre en coordenadas.

$$E_X = x'_{A-D} - x_{A-D}$$
$$Ey = y'_{A-D} - y_{A-D}$$

Compensación del error.- Comprobado que los errores obtenidos son tolerables, debe procederse a su compensación, aplicando una corrección de igual valor absoluto y signo contrario que el error.

Para ello pueden emplearse diversos procedimientos según aconsejen las circunstancias. Así:

a.- Se hacen tantas partes iguales de la cantidad a compensar como tramos tiene el itinerario. Luego se aplica una parte a cada coordenada parcial o general, según sea el caso. Este método se debe emplear cuando el error de cierre es pequeño, ya que en este caso no es necesario aplicar una compensación más rigurosa.

b.- Se reparte la cantidad a compensar en partes proporcionales a las propias coordenadas parciales. Este método se debe aplicar cuando las distancias se han medido con menor precisión que los ángulos (caso de medida de distancias con mira vertical).

c.- Se reparte la cantidad a compensar proporcionalmente a la longitud de los tramos. Este método se debe aplicar cuando ha existido uniformidad en las precisiones de ángulos y distancias.

5. Cálculo de las coordenadas generales definitivas de las estaciones.- Si la compensación se ha hecho sobre las coordenadas generales, los valores corregidos serán los definitivos. Obviamente, las coordenadas generales definitivas de la última estación, obtenidas tras la compensación, deben coincidir exactamente con sus valores conocidos de antemano como dato de partida.

Si la compensación se ha hecho sobre las coordenadas particulares, las coordenadas generales definitivas se obtendrán sumando algebraicamente las coordenadas parciales corregidas de cada estación con las generales definitivas de la estación anterior.

124

Ejemplo

Calcular las coordenadas generales de las estaciones del itinerario de la figura adjunta. Se ha observado <u>encuadrado</u> entre los puntos *A* y *B* de coordenadas generales fijas y conocidas, <u>no orientado</u> y mediante <u>Regla Bessel</u>.

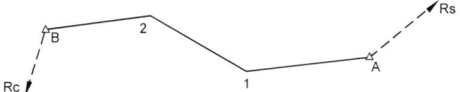

Para la toma de datos se ha empleado un instrumento centesimal de K= *100* y una mira vertical. El cálculo se realizará en el estadillo normalizado que se incluye.

ESTADILLO DE CAMPO

ESTA-CIÓN	i	Puntos Obser	LECTURA DE HILOS			g	d	LECTURA CÍRCULOS	
			Extremos		Axial			Acimutal	Vertical
A		R_s						321,480	
								121,480	
		1	0,10	1,23	0,67			146,270	110,270
								346,280	289,730
1		A	0,70	1,83	1,26			246,270	90,080
								46,280	309,930
		2	0,40	1,51	0,96			40,890	107,620
								240,890	292,400
2		1	0,10	1,21	0,66			340,890	93,100
								140,890	306,920
		B	0,10	1,035	0,57			172,750	99,860
								372,760	300,150
B		2	0,10	1,035	0,57			72,750	101,300
								272,750	298,690
		R_c						252,620	
								52,620	

Datos de partida

Coordenadas generales de los puntos inicial, final, y referencias de salida y cierre: $R_S(1241,73; 723,81)$; $A(1221,08; 635,49)$; $B(1021,05; 403,95)$; $R_C(974,13; 350,34)$.

Solución:

La solución requiere los pasos siguientes:

1. Cálculo de las distancias reducidas y vertido de los datos de campo al estadillo de cálculo.

2. Determinación y compensación del error acimutal de cierre

3. Cálculo de las coordenadas parciales de cada estación respecto de la anterior.

4. Determinación y compensación de los errores de cierre en coordenadas.

5. Cálculo de las coordenadas generales definitivas de las estaciones.

Desarrollo

1. Cálculo de las distancias reducidas y vertido de los datos de campo al estadillo de cálculo.

Cálculo de las reducidas. Se realiza en el mismo estadillo de campo. Los pasos a seguir son:

a. Corrección de eclímetro para los ángulos verticales en el caso de Regla Bessel.

b. Obtención del generador.

c. Cálculo de las distancias reducidas.

ESTA-CIÓN	i	Puntos obser-	LECTURA DE HILOS			g	d	LECTURA CÍRCULOS	
			Extremos		Axial			Acimutal	Vertical
A		R_s						321,480	
								121,480	
		1	0,10	1,23	0,67	113	110,08	146,270	110,270
								346,280	289,730
1		A	0,70	1,83	1,26	113	110,28	246,270	90,080
								46,280	309,930
		2	0,40	1,51	0,96	111	109,42	40,890	107,620
								240,890	292,400
2		1	0,10	1,21	0,66	111	109,70	340,890	93,100
								140,890	306,920
		B	0,10	1,035	0,57	93,5	93,50	172,750	99,860
								372,760	300,150
B		2	0,10	1,035	0,57	93,5	93,46	72,750	101,300
								272,750	298,690
		R_c						252,620	
								56,620	

Vertido de los datos de campo al estadillo de cálculo. En los trabajos con itinerarios, es habitual utilizar un estadillo como el que figura en la página siguiente. Su fin es, fundamentalmente, ordenar y sistematizar el cálculo numérico. En él, y como fase previa al cálculo numérico, se vierten los datos de campo correspondientes a los ejes del itinerario, ángulos acimutales y distancias reducidas.

El estadillo se empieza a rellenar por la columna "*EJES*". En la primera casilla de esta columna se anotará la dirección que se ha tomado como referencia de salida (*A-R$_S$* en este caso). Luego, en las sucesivas casillas de la misma columna, se anotarán los distintos ejes del itinerario (*A-1, 1-2* y *2-B*), terminando con la dirección correspondiente a la referencia de cierre (*B-R$_C$*).

CALCULO DE
COORDENADAS

Itinerario : _____

De: A _____

a: B _____

	X	Y
Coordenadas salida	1221,08	635,49
Idem de llegada	1021,05	403,95
Diferencias	+200,33	+231,54
Sumas parciales	-200,15	-231,71
Errores	-0,12	-0,17

EJES	ANGULOS LEIDOS		AZIMUTES		Distancia horizontal	C. PARCIALES		C. CORREGIDAS		C. GENERALES		Esta-cio-nes
	Directo	Inverso	Obtenidos	Corregidos		x	y	x	y	X	Y	
A -R$_s$	321,480		14,622							1221,08	635,49	A
A-1	146,275	246,275	239,417	239,418	110,18	-63,94	-89,73	-63,90	-89,67	1157,18	545,82	1
1-2	40,890	340,890	234,032	234,033	109,56	-55,82	-94,27	-55,78	-94,21	1101,40	451,61	2
2-B	172,755	72,750	265,897	265,899	93,48	-80,39	-47,71	-80,35	-47,66	1021,05	403,95	B
B -R$_c$	252,620		245,767	245,770								
	- Dato		-245,770		Sumas	-200,15	-231,71	-200,03	-231,54			
	Error =		- 0,003									

Se continúa con la columna "ÁNGULOS LEÍDOS". En la subcolumna "Directo", se anotarán los valores angulares de las lecturas adelante, esto es, las correspondientes a direcciones tomadas en sentido del desarrollo del itinerario (en este caso: A- R_S, A-1, 1-2, 2-B y B-R_C). En la subcolumna "Inverso", se anotarán los valores angulares de las lecturas atrás, esto es, las correspondientes a direcciones tomadas en sentido contrario a la marcha del itinerario (1-A, 2-1 y B-2). En ambos casos, si el itinerario se hubiese observado aplicando la Regla Bessel, como en este caso, se tendrán dos lecturas acimutales para cada dirección. Se tomará como valor definitivo de la observación, y se anotará el promedio de las dos lecturas, corrigiendo previamente la de la posición CI en 200 gon.

El vertido de datos se termina con la anotación de las distancias reducidas correspondientes a los distintos ejes del itinerario. Normalmente en los itinerarios se realiza una doble determinación de distancias, obteniéndose, de esta forma, dos valores para la longitud de cada eje. En estos casos se suelen promediar ambos valores, tomándose como valor definitivo la media de ambos. Aquí se ha hecho así, anotándose el valor resultante en la respectiva casilla de la columna correspondiente.

2. Determinación y compensación del error acimutal de cierre

El error acimutal de cierre se obtiene por diferencia entre el acimut obtenido en la observación de la referencia de llegada y el valor exacto conocido de antemano de dicho acimut. En los itinerarios orientados esta operación es inmediata. En los itinerarios no orientados, será preciso hacer previamente la corrida de acimutes.

Por otro lado, para hacer la corrida de acimutes en los itinerarios no orientados, es necesario conocer previamente los valores exactos de los acimutes de arranque y cierre. Estos pueden conocerse explícitamente, o bien implícitamente a través de las coordenadas de los puntos de arranque, cierre y referencia, siendo preciso entonces calcularlos.

En el presente ejemplo, los acimutes no se dan explícitamente, por tanto hay que calcularlos a partir de las correspondientes coordenadas.

<u>Cálculo de los acimutes de arranque y cierre</u>.- Para el cálculo del acimut de arranque se emplearán las coordenadas de la referencia de salida y de la estación inicial. Para el de cierre se emplearán las de la referencia de cierre y de la estación final. Para este cálculo es aconsejable hacer un

dibujo en el que se pueda apreciar la posición relativa que ocupan los puntos que van a intervenir en el cálculo.

Cálculo del acimut de arranque.- Haciendo el croquis de situación:

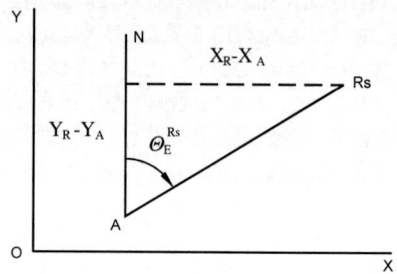

$$\theta_A^{R_S} = \text{arc tag } \frac{\Delta X}{\Delta Y} = \text{arc tag } \frac{20,65}{88,32} = 14,622 \text{ gon}$$

El valor obtenido para el acimut de arranque se anotará en la casilla correspondiente de la columna: "ACIMUTES al Origen".

Cálculo del acimut de cierre.- Haciendo el croquis correspondiente a las posiciones relativas de la estación y la referencia de cierre, se aprecia que el punto R_C se encuentra en el tercer cuadrante respecto a la posición del *B*.

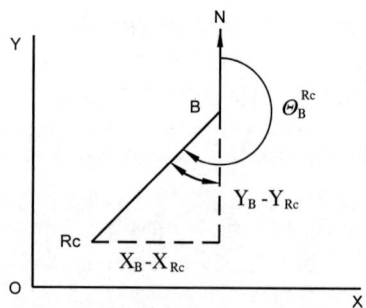

Por consiguiente:

$$\theta_B^{R_C} = 200 + \text{arc tag } \frac{\Delta X}{\Delta Y}$$

$$\theta_B^{R_C} = 200 + \text{arc tag } \frac{46,92}{53,51} = 200 + 45,77 = 245,77 \text{ gon}$$

El valor obtenido para el acimut de cierre se anotará en la casilla correspondiente de la columna "ACIMUTES Obtenidos".

Corrida de acimutes.- Dado que el itinerario del presente ejemplo se observó sin orientar, será necesario hacer la correspondiente corrida de acimutes como paso previo a la determinación del error acimutal de cierre. La corrida de acimutes se efectúa aplicando el procedimiento, ya conocido, de las desorientaciones. Los acimutes obtenidos se irán anotando en sus correspondientes casillas de la columna "ACIMUTES Obtenidos". Así:

$$\theta_A^I = \theta_A^R - L_A^R + L_A^I = 14,622 - 321,480 + 146,275 = 239,417\,gon$$

$$\theta_I^2 = \theta_I^A - L_I^A + L_I^2 = 39,417 - 246,275 + 40,890 = 234,032\,gon$$

$$\theta_2^B = \theta_2^I - L_2^I + L_2^B = 34,032 - 340,890 + 172,755 = 265,897\,gon$$

$$\theta_B^R = \theta_B^2 - L_B^2 + L_B^R = 65,897 - 72,750 + 252,620 = 245,767\,gon$$

Determinación del error acimutal de cierre.- El acimut de la dirección de cierre calculado a partir de los datos de partida se anotará en la misma columna, pero en la línea inferior a la que ocupa el acimut de cierre obtenido en la corrida de acimutes. La diferencia entre ambos valores será el error acimutal de cierre del itinerario.

Error acimutal de cierre = 245,767 – 245,770 = –0,003

Compensación del error acimutal de cierre.- La compensación total tiene el mismo valor absoluto y signo contrario que el error:

A compensar ....**+ 0,003**

Recuérdese que la corrección a aplicar a los acimutes no es igual para todos. Para determinarlas, se divide la cantidad a compensar (*c*) entre el número de acimutes a corregir[6] (*n*):

$$\frac{c}{n} = \frac{+\,0,003}{4} = +0,00075 gon$$

y el cociente resultante (*c/n*) se va multiplicando por el número de orden que ocupa cada acimut en el itinerario. De esta forma, la corrección a aplicar a cada uno sería:

Al primero:
$$+0,00075 \times 1 = 0,00075$$

Al segundo:

$$+0,00075 \times 2 = 0,0015$$

Al tercero:
$$+0,00075 \times 3 = 0,00225$$

Al cuarto:

$$+0,00075 \times 4 = 0,003$$

Pero los acimutes obtenidos a partir de los datos de campo están cifrados con una aproximación de milésimas de gon (tres cifras decimales), mientras que algunas de las correcciones calculadas tienen aproximaciones de ciemilésimas de gon (cinco cifras decimlaes) Es evidente que, de aplicarse tales correcciones, se introduciría en los acimutes resultantes una aproximación mayor que la aproximación con la que estos fueron obtenidos en campo, dando lugar a unos valores con aproximaciones no reales y carentes de sentido.

En tales casos, lo recomendable es redondear la corrección, por exceso o por defecto según el caso, de forma que tenga el mismo número de cifras decimales que los acimutes. Aplicando este criterio en el presente ejemplo, los valores de las correcciones a aplicar a los acimutes serán:

---

[6] El acimut de la referencia de salida es siempre exacto y no debe contarse entre los acimutes a corregir. Por tanto, en el presente caso los acimutes a corregir son 4.

Al primero: *+0,00075 x 1 = 0,001 gon*

Al segundo: *+0,00075 x 2 = 0,001 gon*

Al tercero*:*   *+0,00075 x 3 = 0,002 gon*

Al cuarto*:*   *+0,00075 x 4 = 0,003 gon*

Por último, aplicando a cada acimut su correspondiente corrección se obtendrán los acimutes corregidos que se irán anotando en la columna: "AZIMUTES Corregidos" del estadillo de cálculo. Si la corrección se ha hecho correctamente, el valor del acimut de cierre corregido deberá coincidir exactamente con su valor conocido de antemano como dato de partida.

3. Cálculo de las coordenadas parciales de cada estación con respecto a la anterior

Una vez corregidos los acimutes, puede ya pasarse a calcular las coordenadas parciales de cada estación con respecto al sistema de referencia centrado en la anterior, mediante la aplicación de las fórmulas:

$$x = d \cdot \text{sen}\,\theta$$
$$y = d \cdot \cos \theta$$

siendo: *d* la distancia reducida que figura en la correspondiente casilla de la columna: "Distancia horizontal", y θ, el acimut corregido del tramo correspondiente. Los valores obtenidos con sus signos correspondientes se irán anotando en la columna: "COORDENADAS PARCIALES".

4. Determinación y compensación del error de cierre en coordenadas

Determinación del error.- Sumando algebraicamente las sucesivas coordenadas parciales obtenidas a través del itinerario, se obtendrán unos valores aproximados de las coordenadas parciales de la última estación respecto de la primera. Por otro lado, restando las coordenadas generales de las estaciones de arranque y cierre conocidas de antemano, se obtendrán los valores exactos de las referidas coordenadas parciales. La diferencia entre ambas parejas de valores serán los errores de cierre en *x* e *y*.

El procedimiento de cálculo es el siguiente: En primer lugar se suman algebraicamente las coordenadas parciales y se anotan las sumas obtenidas, con su signo, en la última línea de sus respectivas columnas.

$$\Sigma x = -200,15$$

$$\Sigma y = -231,71$$

Luego, se cubren las casillas que figuran en la parte superior derecha del estadillo de cálculo. A saber:

	X	Y
Coordenadas de salida....... *(A)*	1221,08	635,49
Ídem de llegada.................. *(B)*	- 1021,05	- 403,95
Diferencias..........................	+ 200,03	+ 231,54
Sumas parciales.................	- 200,15	- 231,71

Finalmente, los errores de coordenadas se obtienen sumando algebraicamente (con su signo) los valores de las casillas: "Diferencias" y "Sumas parciales".

$$E x = - 0,12 \quad E y = - 0,17$$

Compensación del error.- Supuestos ambos errores admisibles, se puede proceder a su compensación. A compensar:

$$Cx = + 0,12 \text{ metros} \qquad Cy = + 0,17 \text{ metros}$$

Dada la pequeña magnitud de los errores de cierre en coordenadas del presente itinerario, para su compensación se repartirá el error en tantas partes iguales como tramos haya, aplicando luego una parte a cada coordenada parcial.

$$\text{Corrección de las abcisas } (x)\colon \quad \frac{+0,12}{3} = + 0,04 \text{ metros}$$

Corrección de las ordenadas (y): $\dfrac{+0,17}{3} = +0,056667$ metros

Según los valores obtenidos, y siguiendo el criterio expuesto, las correcciones a aplicar a las ordenadas serían:

A la primera:
                        +0,056667
A la segunda:
                        +0,056667
A la tercera:
                        +0,056667

Sin embargo, una vez más, los valores de las correcciones tienen más cifras decimales que las cantidades a corregir, las ordenadas en este caso. Por tanto, las correcciones se deberán redondear, por exceso o por defecto, de forma que cumplan una doble condición: 1.- No deberán tener más cifras decimales que las ordenadas. 2.- La suma de los valores redondeados deberá ser exactamente igual a la totalidad de la compensación.

De acuerdo con lo precedente, las cantidades que se obtienen para la corrección de las ordenadas son:

$$+ 0,06$$
$$+ 0,06$$
$$+ 0,05$$
total ……. $+ 0,17$

Por otro lado, al haber correcciones distintas, *+0,6; +0,6; y, +0,05*; será necesario establecer un criterio de aplicación. En general, se establece que las mayores correcciones se deben aplicar a las coordenadas mayores por suponer que estas están afectadas de mayor error.

En resumen, para compensar el error de cierre en coordenadas, se corregirá cada abscisa en *+0,04* metros. En cuanto a las ordenadas, las dos mayores se corregirán en *+0,06* y la menor en *+0,05*. Los valores corregidos se irán anotando, con sus signos correspondientes, en sus respectivas casillas de la columna: "COORDENADAS CORREGIDAS".

Por último, se deberá verificar que la compensación se ha hecho correctamente, comprobando que la suma algebraica de las coordenadas parciales corregidas es igual a la diferencia entre las coordenadas generales de los puntos de salida y llegada.

5. Cálculo de las coordenadas generales de las estaciones del itinerario

Para obtener las coordenadas absolutas de cada estación del itinerario, se deben sumar algebraicamente sus coordenadas parciales con las generales de la estación anterior.

Se inicia el cálculo, colocando en la columna "Estaciones" los nombres o indicativos de las distintas estaciones del itinerario, siendo habitual situar la estación de partida, la A en este caso, en la primera línea, la correspondiente al eje A-R_s, y luego, sucesivamente, el resto de las estaciones: 1, 2 y B, debiendo quedar esta última en la línea correspondiente al eje 2-B.

Luego, en la columna "COORDENADAS TOTALES" se anotarán en la primera fila las coordenadas generales de la estación A, y luego, operando como sigue, se irán anotando en las correspondientes casillas de las mismas columnas los valores que se vayan obteniendo.

1.- A las coordenadas generales de A se le suman algebraicamente (con su signo) las particulares del tramo A-1, obteniendo las coordenadas generales del punto 1.

$$X_1 = 1221,08 + (- 63,90) = 1157,18$$

$$Y_1 = 635,49 + (- 89,67) = 545,82$$

2.- A las coordenadas generales de 1 se le suman las particulares del tramo 1-2 y se obtienen las coordenadas generales del punto 2.

$$X_2 = 1157,18 + (- 55,78) = 1101,40$$

$$Y_2 = 545,82 + (- 94,21) = 451,61$$

3.- A las coordenadas generales del punto 2 se le suman las particulares del tramo 2-B y se obtienen las coordenadas generales del punto B.

$$X_B = 1101,40 + (- 80,25) = 1021,05$$

$$Y_B = 451,61 + (- 47,66) = 403,95$$

Si el cálculo se ha hecho correctamente, las coordenadas generales de la estación de cierre, la B en este caso, obtenidas a través del cálculo, deberán coincidir exactamente con las dadas como dato de partida del itinerario.

IV.2.5. Desarrollo gráfico de los itinerarios

Al igual que en la radiación, el transporte gráfico de las estaciones de un itinerario podrá hacerse por coordenadas rectangulares, previa resolución numérica del itinerario, o directamente a partir de los datos de campo, acimutes y distancias reducidas.

Transporte a partir de los datos de campo

Consiste en repetir en gabinete las medidas de campo, en su mismo orden y con arreglo a la escala que se desee, obteniéndose una figura semejante a la recorrida sobre el terreno.

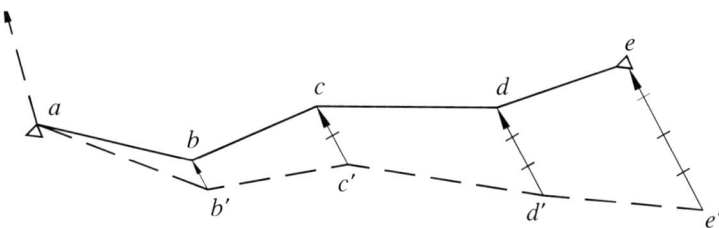

En general, siempre habrá discrepancia entre la situación exacta del punto de llegada del itinerario, conocida de antemano, y la obtenida al desarrollar gráficamente la poligonación mediante los datos de campo. Esta discrepancia se llama *error de cierre gráfico* del itinerario. Si el error de cierre es inferior a la tolerancia (máximo error admisible) previamente establecida, el itinerario será válido, en caso contrario deberá ser rechazado.

Si el error de cierre es admisible, habrá que proceder a la compensación del itinerario eliminando el error obtenido. Para ello, bastará unir las posiciones errónea, e', y exacta, e, del punto de cierre, y dividir el vector resultante en tantas partes iguales como tramos tenga el itinerario.

Luego, se trazarán por las distintas estaciones, b', c' y d', vectores paralelos al $e'e$ (misma dirección y sentido), tomando sobre ellos magnitudes iguales a una, dos, tres, etc., divisiones del vector $e'e$, obteniéndose los puntos corregidos b, c, d, con lo que se habrá compensado el itinerario.

IV.3. MÉTODO DE INTERSECCIÓN DIRECTA

IV.3.1. Fundamento del método

En los métodos anteriores, el posicionamiento de los puntos se ha resuelto relacionándolos con otro de posición conocida mediante ángulo horizontal y distancia reducida. Con el método de intersección directa, se resuelve el posicionamiento sin necesidad de medir distancias, realizando únicamente observaciones acimutales desde dos puntos de posición previamente conocida.

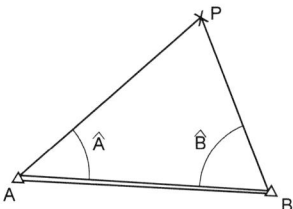

Sean A y B dos puntos de posición conocida y P un punto cuya posición se quiere conocer. Las proyecciones sobre el plano horizontal de los tres puntos constituyen los vértices de un triángulo, ABP, del que es conocida la longitud AB.

Es claro que si mediante las oportunas operaciones de campo se determina el valor de los ángulos $\hat{A}$ y $\hat{B}$, el triángulo ABP quedará definido geométricamente, ya que de él se conocerán tres elementos: la longitud del lado AB, que se denomina: base de la intersección, y sus dos ángulos adyacentes. En consecuencia, habrá elementos suficientes para construirlo gráficamente o resolverlo por métodos trigonométricos.

Operación de campo

La operación de campo consiste en estacionar un taquímetro o estación total en cada uno de los puntos de posición conocida y realizar observaciones angulares acimutales sobre los otros dos, el otro conocido y el desconocido, anotando las lecturas angulares acimutales correspondientes.

Los ángulos horizontales $\hat{A}'$ y $\hat{B}'$, necesarios para resolver el triángulo *ABP*, se obtendrán a partir de los datos de campo, por diferencia de las lecturas acimutales:

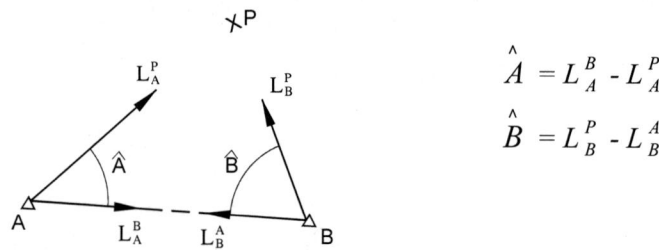

$$\hat{A} = L_A^B - L_A^P$$

$$\hat{B} = L_B^P - L_B^A$$

IV.3.2. Solución numérica de la intersección

A través de la solución numérica se obtienen las coordenadas generales del punto desconocido. Para su aplicación será necesario conocer de antemano las coordenadas generales de los dos puntos de estación.

El procedimiento a seguir para el cálculo es simple: en primer lugar se resuelve trigonométricamente el triángulo, con lo que se conocerá, sin haberlas medido, las distancias horizontales *AP* y *BP*. Luego, se determinan los acimutes de dichos lados. Por último, conocidas las longitudes *AP* y *BP* y sus acimutes respectivos, se obtienen las coordenadas planimétricas X, Y del punto *P* a partir de las coordenadas generales de los puntos *A* y *B*, mediante las expresiones:

$$X_P = X_A + A'P' \cdot \operatorname{sen} \theta_A^P$$
$$Y_P = Y_A + A'P' \cdot \cos \theta_A^P$$

obteniéndose dos parejas de valores. Se tomará como valor definitivo de cada coordenada la media de los dos valores obtenidos.

Ejemplo

Con el fin de determinar por intersección directa la posición desconocida de un punto P, se han tomado en campo los datos correspondientes al croquis que se adjunta.

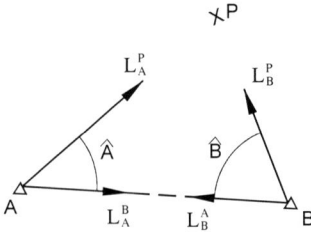

ESTA-CIÓN	i	Puntos obser-vados	LECTURA DE HILOS		g	d	LECTURA CÍRCULOS	
			Extremos	Axial			Acimutal	Cenital
A		P					117,420	
		B					177,790	
B		A					241,390	
		P					311.670	

Datos de partida:

Coordenadas generales de los dos puntos de estación:

$$X_A = 7843; \quad Y_A = 1485$$
$$X_B = 8027; \quad Y_B = 1407$$

Solución

1.- Resolución trigonométrica del triángulo definido por la intersección

Determinación de los ángulos adyacentes a la base

$$\hat{A} = L_A^B - L_A^P = 60,370 \ gon$$

$$\hat{B} = L_B^P - L_B^A = 70,280 \ gon$$

Determinación del tercer ángulo del triángulo

$$\hat{P} = 200 - (\hat{A} + \hat{B}) = 69,35 \ gon$$

Cálculo de las longitudes de los lados

$$AB = \sqrt{(X_A - X_B)^2 + (Y_A - Y_B)^2} = 199,85$$

$$AP = AB \frac{sen \ \hat{B}}{sen \ \hat{P}} = 201,35$$

$$BP = AB \frac{sen \ \hat{A}}{sen \ \hat{P}} = 183,19$$

2.- Determinación de los acimutes de los lados

En primer lugar se obtiene el acimut de la base a partir de las coordenadas de sus extremos. Luego, a partir de este, se obtienen los de los otros dos lados.

Obtención del acimut de la base AB

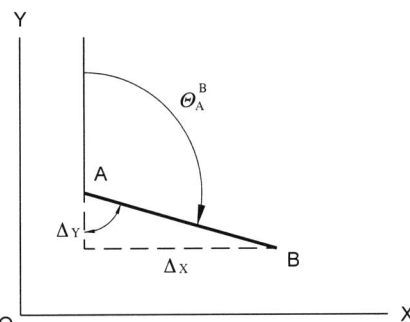

A la vista del croquis de situación relativa de los puntos A y B, se comprueba que el punto B está en el segundo cuadrante respecto del A, por consiguiente:

$$\theta_A^B = 200 - \text{arc tan} \frac{\Delta X}{\Delta Y} = 125,53 \, \text{gon}$$

Obtención de los acimutes de los lados AP y BP

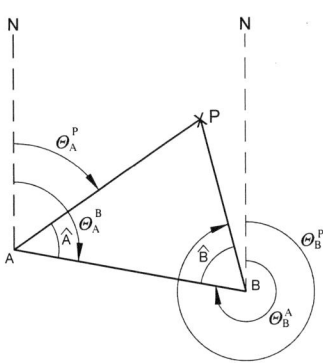

$$\theta_A^P = \theta_A^B - \hat{A} = 125,53 - 60,37 = 65,16$$

$$\theta_B^P = \theta_B^C + \hat{B} = 325,53 + 70,28 = 395,81$$

3.- Cálculo analítico de las coordenadas del punto de intersección

Se calculan a partir de las coordenadas generales de los extremos de la base, obteniéndose dos parejas de valores. Se toma como valor definitivo de cada coordenada la media de los dos valores obtenidos.

Coordenadas de P calculadas a partir de las del punto A

$$x_A^P = AP \cdot \operatorname{sen} \theta_A^P = 171{,}94$$

$$y_A^P = AP \cdot \cos \theta_A^P = 104{,}77$$

$$X_P = X_A + x_P^A = 8014{,}94$$

$$Y_P = Y_A + y_P^A = 1589{,}77$$

Coordenadas de P calculadas a partir de las del punto B

$$x_B^P = BP \cdot \operatorname{sen} \theta_B^P = -12{,}05$$

$$y_B^P = BP \cdot \cos \theta_B^P = 182{,}79$$

$$X_P = X_B + x_B^P = 8014{,}95$$

$$Y_P = Y_B + y_B^P = 1589{,}79$$

Coordenadas generales definitivas de P

$$X_P = 8014{,}945$$

$$Y_P = 1589{,}780$$

IV.3.3. Desarrollo gráfico de la intersección directa

Es elemental. Consiste en trazar sobre un plano en el que figuren dibujados los puntos de estación, los ángulos A y B deducidos a partir de los datos de campo. El punto p donde se corten las rectas ap y bp, será la solución.

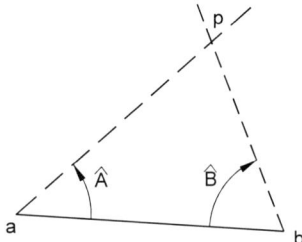

IV.3.4. Doble intersección directa

La posición de un punto obtenida mediante intersección directa carece de comprobación, ya que los datos que se toman en campo son los estrictamante indispensables para el cálculo o la solución gráfica, sin añadir dato alguno de comprobación.

La coincidencia de los valores numéricos de las dos parejas de coordenadas que se obtienen con el cálculo indica únicamente que el cálulo de la intersección se ha hecho correctamente, pero en ningún caso garantiza la bondad de la posición obtenida.

El inconveniente señalado se evita con el procedimiento de la doble intersección directa, también denominada trisección directa, que sí tiene datos de comporobación.

Consiste el método en dirigir tres visuales al punto desconocido desde otros tantos puntos de posición conocida.

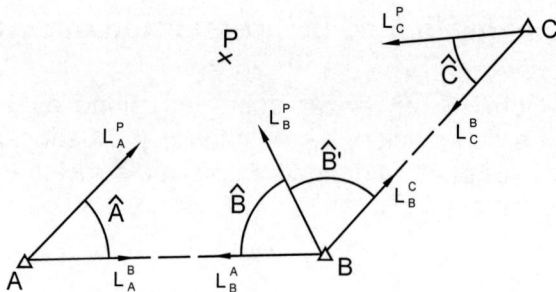

Sean A, B y C los puntos de posición conocida y P el punto cuya posición se quiere obtener. La solución consiste en obtener las coordenadas del punto P calculando independientemente los triángulos *ABP y BCP*, comprobando después los pares de coordenadas obtenidas.

Solución gráfica de la doble intersección directa

Consiste en trazar sobre un plano en el que figuren dibujados los puntos de estación, los ángulos A, B y C deducidos a partir de los datos de campo. Al trazar dichos ángulos, las rectas resultantes no se cortarán en un punto, sino que su intersección formará un triángulo denominado *triángulo de error,* cuya magnitud mide la precisión del levantamiento.

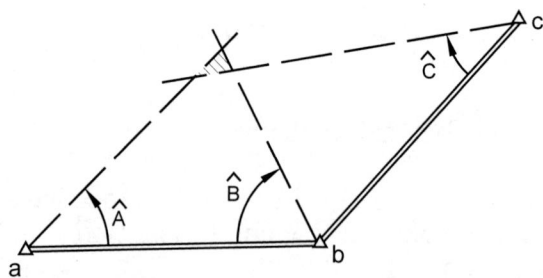

Si la magnitud del triángulo de error es admisible, se puede tomar como solución de la intersección el baricentro del mismo, que es el punto que se encuentra en la intersección de las medianas y equivale al centro de gravedad.

V. ALTIMETRÍA

V.1. EL NIVEL TOPOGRÁFICO

V.1.1. Constitución

El Nivel Topográfico es un instrumento altimétrico especialmente diseñado para realizar visuales horizontales cuando está estacionado. Se emplea, normalmente, para la determinación del desnivel entre dos puntos asociado con unas miras especiales, denominadas: *miras de nivelación*, de las que también se hablará.

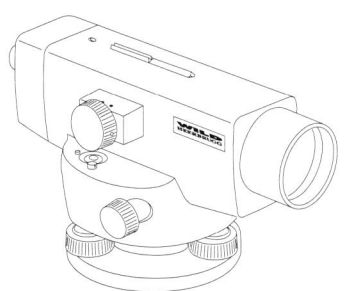

Está constituido por un anteojo estadimétrico situado sobre una plataforma nivelante dotada de un nivel esférico.

El anteojo puede girar horizontalmente sobre la plataforma nivelante alrededor de un eje vertical, realizándose el movimiento giratorio por fricción sin que exista tornillo de presión. Normalmente los Niveles topográficos solo disponen de tornillo de coincidencia.

Existen algunos niveles que disponen de un disco graduado para medir ángulos horizontales. Sin embargo, este hecho no es de interés en la práctica. El nivel topográfico sirve, además, para medir distancias horizontales, basándose en el mismo principio del taquímetro.

V.1.2. Tipos de Nivel

Atendiendo al tipo de dispositivo que permite garantizar la horizontalidad de las visuales, los niveles pueden ser de línea o automáticos.

Niveles de línea

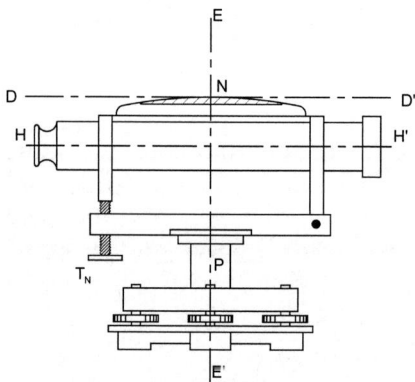

Los Niveles de línea garantizan la horizontalidad de las visuales mediante un nivel tubular de aire, denominado *nivel principal*, acoplado con al anteojo estadimétrico de tal manera que el eje de colimación de este *(HH')* sea paralelo a la *directriz* de aquel *(DD')*. (Directriz de un nivel es la recta tangente al nivel en punto central de la ampolla. Cuando un nivel está calado, su directriz es horizontal).

El conjunto anteojo-nivel va montado sobre una base de sustentación *(P)* que dispone de un mecanismo basculante que permite calar el nivel principal. Cuando este esté calado, su directriz será horizontal y consecuentemente, también lo será el eje de colimación del anteojo, que es paralelo por construcción a la generatriz.

El calado del nivel principal se realiza mediante el giro de un tornillo denominado *de nivelación* *(Tn)*, que actúa sobre el mecanismo basculante del conjunto. Girando adecuadamente dicho tornillo, se consigue calar la burbuja y obtener una visual horizontal. Esta operación hay que hacerla en cada visual.

Niveles automáticos

Los Niveles automáticos son aquellos en los que la horizontalización del eje de colimación se logra automáticamente mediante un sistema compensador interno.

El automatismo del sistema de compensación se basa en la posibilidad de quebrar el eje de colimación para que este sea rigurosamente horizontal aun cuando el anteojo del aparato no lo esté. Existen diversos sistemas de compensación, el más común es el constituido por dos espejos fijos y uno móvil situados en el interior del anteojo.

Los espejos fijos están situados en la parte superior interna. El espejo móvil está suspendido de la armadura interior mediante unos tirantes articulados dando lugar a un trapecio deformable.

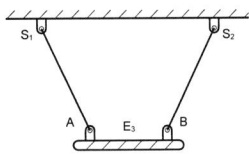

El espejo móvil, en combinación con los fijos, quiebra el eje de colimación del aparato corrigiendo los errores de inclinación del instrumento. De esta forma, cuando el instrumento está en estación las visuales emergentes del anteojo son siempre rigurosamente horizontales.

Estos instrumentos suelen ir provistos de un botón de control que permite comprobar que el compensador funciona correctamente.

V.1.3. Miras de nivelación

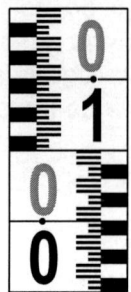

Constituyen junto con los Niveles los equipos de nivelación. Están graduadas normalmente en dobles milímetros, aunque a veces, en casos especiales, se utilizan miras de milímetros para cortas distancias, especialmente en nivelación industrial. En general reúnen unas características muy estrictas de precisión, homogeneidad en su graduación e inalterabilidad a las variaciones de temperatura.

Normalmente se fabrican de madera o metal, utilizándose el metal Invar en las de alta precisión. Suelen disponer de un nivel esférico para garantizar su verticalización.

V.1.4. Puesta en estación del Nivel

La puesta en estación es la primera operación que hay que hacer cuando se va a realizar una toma de datos con el Nivel. Consiste simplemente en colocar el trípode sobre el terreno de forma que su meseta quede sensiblemente horizontal. Colocar y fijar el instrumento sobre el trípode, y calar el nivel esférico mediante los tornillos nivelantes.

Al colocar en estación el instrumento debe tenerse en cuenta que la separación máxima entre Nivel y mira debe ser de 40 m con el fin de poder aproximar las lecturas de la mira hasta los mm (media división de mira).

V.1.5. Nivel electrónico digital

Los instrumentos denominados Niveles Electrónicos digitales son Niveles automáticos que incorporan un sistema de medición que permite la lectura electrónica de una mira mediante técnicas de proceso de imágenes.

Utilizan miras especiales graduadas mediante código de barras, reflejando digitalmente las lecturas correspondientes sobre una pantalla de cuarzo líquido.

Disponen de un teclado con diversas funciones, desnivel, distancia reducida, etc. Permiten el registro, procesado y almacenaje de los datos de las mediciones sobre soportes magnéticos y transferirlos a un colector de datos externo o al ordenador personal.

La principal característica que presentan niveles es que evitan las equivocaciones y los errores de interpretación al leer en la mira y permiten simplificar enormemente el proceso desde el campo a la oficina.

V.1.6. Parámetros de calidad de un nivel

En general, la calidad de un determinado Nivel viene definida por diversos parámetros: aumentos del anteojo, distancia mínima de enfoque, diámetro del campo visual, error kilométrico, etc. De todos ellos, el más significativo es el denominado error Kilométrico (e_K).

El error kilométrico es un indicador de precisión. Se expresa en mm. Su valor es la desviación estándar para 1 kilómetro en nivelación doble. Cuanto menor es el valor del error kilométrico de un Nivel, más preciso es el aparato.

V.2. MÉTODOS ALTIMÉTRICOS

V.2.1. Cálculo de la cota de un punto

Para obtener la cota desconocida de un punto, es necesario siempre determinar previamente su desnivel con respecto a otro punto de cota conocida.

Sea A un punto de cota conocida, Z_A, y B el punto cuya cota, Z_B, se quiere calcular.

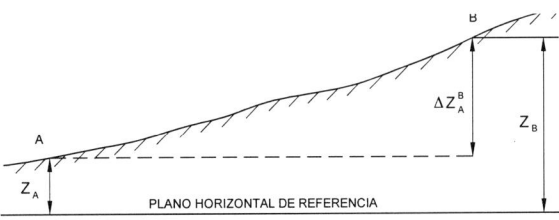

Determinado el desnivel entre ambos, ΔZ_A^B, la cota de B se podrá obtener mediante la expresión:

$$Z_B = Z_A + \Delta Z_A^B$$

V.2.2. Determinación topográfica del desnivel

El desnivel entre dos puntos se determina topográficamente mediante la operación denominada: *nivelación*. Puede obtenerse, o bien por diferencia de alturas a una visual horizontal, o a partir de un ángulo de pendiente medido con un instrumento adecuado. Ello da lugar a dos tipos de nivelación, respectivamente:

- *nivelación por alturas o geométrica*. Consiste en determinar el desnivel por diferencia de lecturas obtenidas al dirigir visuales horizontales a miras verticales. El instrumento adecuado es el Nivel Topográfico.

- *nivelación por pendientes o trigonométrica*. Determina el desnivel por procedimientos trigonométricos a partir de ángulos verticales y distancias reducidas. Las visuales pueden tener cualquier pendiente. Se emplea el taquímetro o la estación total.

Por otro lado, para la determinación del desnivel entre dos puntos el aparato empleado podrá situarse equidistante entre ellos, *método del punto medio*, o en estación sobre uno de los dos, *método del punto extremo*.

En cualquier caso, el desnivel podrá obtenerse con una sola estación, *nivelación simple*, o con varias estaciones, *nivelación compuesta*; dependiendo de la distancia que separe los puntos y de la magnitud del desnivel entre ellos.

V.2.3. Nivelación Geométrica o por alturas

Consiste, como ya se ha indicado, en determinar el desnivel por diferencia de lecturas obtenidas al dirigir visuales horizontales a miras verticales. Se realiza normalmente con Nivel empleando el método del punto medio. Puede ser simple o compuesta.

Nivelación simple

Sean A y B dos puntos cuyo desnivel se quiere determinar. Para poder hacerlo mediante una nivelación geométrica simple es necesario que la separación entre ambos puntos sea menor de 80 metros. El procedimiento a seguir es el siguiente:

1.- Se coloca el Nivel en estación en un punto sensiblemente equidistante de A y B y una mira de nivelación en el punto A.

2.- Se colima a la mira situada en A, llevando el hilo vertical del retículo exactamente sobre su eje longitudinal.

2 bis.-(Solo en el caso de que el Nivel sea de línea). Se cala la burbuja del nivel principal, accionando su tornillo nivelante.

3.- Se lee con los tres hilos del retículo en la mira aproximando las lecturas hasta los milímetros[7].

3 bis.-(Solo en el caso de que el Nivel sea de línea). Después de leer sobre la mira se comprueba que la burbuja del nivel principal continúe calada, en su caso.

4.- Se sitúa la mira en B y se repiten los procesos de colimación y lectura.

Finalmente, el desnivel de B respecto de A se obtendrá restando a la lectura de la mira en A, la lectura en B, según se deduce de la observación de la figura.

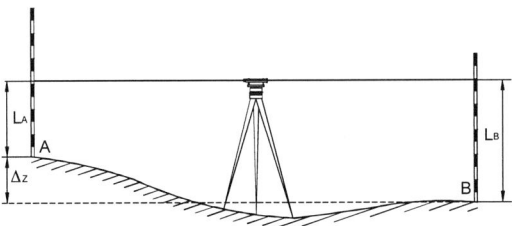

$$\Delta Z_A^B = L_A - L_B$$

A la lectura que se obtiene en primer lugar, L_A en este caso, se la denomina: *lectura de espaldas*. La lectura obtenida en segundo lugar, L_B,

---

[7] Aunque en sentido estricto solo es necesario cifrar la lectura del hilo central del retículo, es recomendable leer con los tres hilos, tomando como lectura definitiva el promedio de las extremas y sirviendo la central como comprobación.

es la *lectura de frente*. Tal denominación permite la generalización de la igualdad anterior: *"la obtención del desnivel entre dos puntos mediante nivelación geométrica simple, se obtendrá por diferencia entre la lectura de espaldas y la lectura de frente".*

$$\Delta Z = L_{espaldas} - L_{frente}$$

Debe tenerse en cuenta que con el procedimiento descrito se obtiene siempre el desnivel del punto de frente con respecto al punto de espaldas.

El punto donde se coloca el Nivel no tiene que estar situado en la alineación AB, pues la única condición que ha de cumplir es que sea equidistante de B, por lo que podrá ocupar una posición lateral respecto a dicha alineación.

Los datos de campo de las nivelaciones geométricas se suelen recoger ordenadamente en estadillos al efecto:

VISUALES DE ESPALDAS				VISUALES DE FRENTE				Desnivel Parcial (Δz)
Pun-tos	Lectura de hilos		Media	Pun-tos	Lectura de hilos		Media	
	Central	Extrem			Central	Extrem		

Nivelación compuesta

Cuando la distancia entre los puntos cuyo desnivel se pretende calcular supera la longitud máxima de una nivelada (normalmente 80 metros), o los puntos no son visibles simultáneamente, o el desnivel entre ellos es mayor que el que puede medirse de una sola vez; es necesario determinarlo realizando varias nivelaciones simples sucesivas (niveladas sucesivas). Se dice entonces que se ha ejecutado una nivelación compuesta.

La nivelación geométrica compuesta consiste, pues, en la ejecución de una sucesión encadenada de nivelaciones simples, en las que se van obteniendo desniveles parciales.

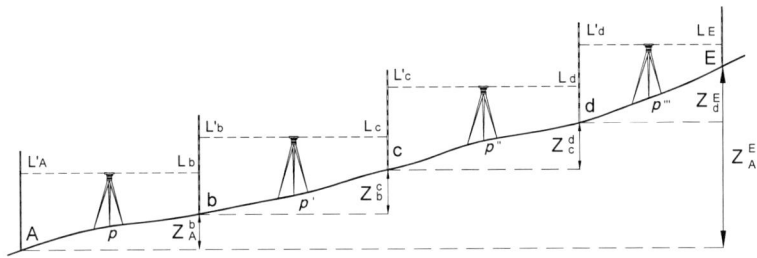

Método operatorio.- Sean A y E dos puntos, cuyo desnivel se quiere obtener mediante una nivelación geométrica compuesta por el método del punto medio. Las operaciones comienzan situando una mira en A. El operador colocará el Nivel en estación en un punto arbitrario p (la distancia entre el Nivel y la mira será función de la pendiente del terreno y, como máximo, alcanzará una longitud de 40 metros), colimará a la mira y realizará la serie de operaciones necesarias para cifrar la lectura correspondiente, que será una lectura de espaldas. Acabada esta, el Nivel se mantendrá en estación en el mismo punto p. El portamiras, por su parte, iniciará la marcha hacia E contando el número de pasos que hay desde A al punto de estación p y rebasándolo en la misma cantidad, se colocará en un punto auxiliar b, quedando el aparato equidistante de A y b. El operador del Nivel colimará entonces a la mira situada ahora en b y realizará las operaciones necesarias para cifrar la lectura correspondiente, que en relación con el tramo Ab será una lectura de frente.

A continuación, el operador trasladará el instrumento a otro punto arbitrario p' situado a no más de 40 metros del b .El portamiras situado en b permanecerá allí, y se limitará a girar la mira sobre su vertical, sin levantarla del suelo, para que quede mirando a p'. Nuevamente se realizará la lectura en b, lectura que ahora será de espaldas. Acabada esta, y sin levantar el Nivel de su punto de estación, el portamiras se trasladará a otro punto c, donde se hará una lectura de frente. Y así sucesivamente, realizando en cada tramo una lectura de espaldas y otra de frente, hasta llegar al punto final E, donde se deberá terminar la toma de datos con una lectura de frente.

El desnivel entre A y E será:

$$\Delta Z_A^E = \Delta Z_A^b + \Delta Z_b^c + \Delta Z_c^d + \Delta Z_d^E$$

siendo:

$$\Delta Z_A^b = \text{lectura de espaldas en } A - \text{lectura de frente en } b$$

$$\Delta Z_b^c = \text{lectura de espaldas en } b - \text{lectura de frente en } c$$

$$\Delta Z_c^d = \text{lectura de espaldas en } c - \text{lectura de frente en } d$$

$$\Delta Z_d^E = \text{lectura de espaldas en } d - \text{lectura de frente en } E$$

y sumando miembro a miembro, e igualando términos:

$$\Delta Z_A^E = \Delta Z_A^b + \Delta Z_b^c + \Delta Z_c^d + \Delta Z_d^E = \sum \text{lecturas de espaldas} - \sum \text{lecturas de frente}$$

Por consiguiente, en una nivelación geométrica compuesta, el desnivel entre los puntos final e inicial se obtendrá por diferencia entre la suma de todas las lecturas de espaldas menos la suma de todas las lecturas de frente.

$$\Delta Z_A^E = \sum \text{lecturas de espaldas} - \sum \text{lecturas de frente}$$

Es importante recordar que al aplicar la fórmula anterior el desnivel que se obtiene es el del punto final respecto del inicial.

V.2.4. Nivelación trigonométrica o por pendientes

La nivelación trigonométrica o por pendientes corresponde a exigencias de menor precisión que la nivelación geométrica. Se realiza con taquímetro y mira, o estación total y prisma. En ella se usa casi exclusivamente el método del punto extremo, consistente en situar el blanco en uno de los puntos y el instrumento en estación en el otro. Las visuales pueden tener cualquier pendiente.

Nivelación trigonométrica con taquímetro y mira

Se estaciona el taquímetro en uno de los puntos y se sitúa la mira en el otro, tomándose los siguientes datos:

- La altura (i) del eje horizontal del instrumento sobre el punto de estación medida con metro.

- Las lecturas de los tres hilos del retículo sobre la mira.

- La lectura angular del círculo vertical.

A partir de los datos de campo, el desnivel entre los dos puntos se obtendrá mediante la fórmula:

$$\Delta Z = t + i - m$$

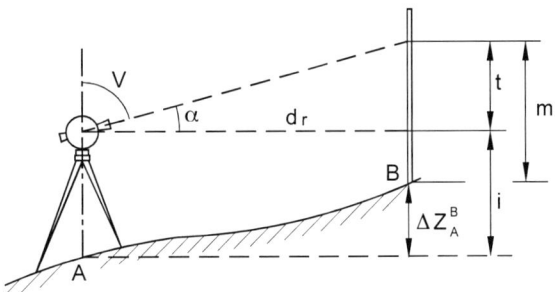

Siendo:

$$t = d_R \cdot \mathrm{cotag}\, V = d_R \cdot \mathrm{tag}\, \alpha$$

d_R = la distancia reducida entre los dos puntos.

i = altura del eje horizontal del instrumento sobre el punto de estación.

m = *altura de mira* (corresponde a la lectura del hilo central del retículo sobre la mira).

Al término t se le suele denominar "diferencial de altura". Su signo podrá ser positivo o negativo, según la visual sea ascendente o descendente, por lo que el desnivel con su signo correspondiente, se deberá obtener sumando algebraicamente los términos *(t)* e *(i - m)*.

Cuando el instrumento empleado es un taquímetro que mide distancias cenitales *V*, y se pretende calcular únicamente el desnivel, no es necesario determinar la distancia reducida como paso previo para obtener el valor de *t*. Este se puede calcular directamente a partir del generador mediante la expresión:

$$t = g \cdot \operatorname{sen} V \cdot \cos V$$

Ejemplo

Con los datos de campo que figuran en el estadillo adjunto, calcular el desnivel entre los puntos *21* y *22*.

ESTA-CIÓN	*i*	Puntos obser-vados	LECTURA DE HILOS		Axial	*g*	*d*	LECTURA CÍRCULOS	
			Extremos					Acimutal	Vertical
21	1,45	22	1,20	1,84	1,52				89,680

Solución.

En primer lugar se calcula el generador; luego el término *t*, y finalmente, la suma algebraica: *t + i - m.*

Desarrollo:

$$g = (1,84 - 1,20) \times 100 = 64 \; metros$$

$$t = 64 \times \operatorname{sen} 89,68 \times \cos 89,68 \; = \; + \; 10,19 \; m$$

$$i = 1,45 \; m$$

$$m = 1,52 \; m$$

$$\Delta Z = + \; 10,19 + 1.45 - 1,52 = 10,12 \; metros$$

Nivelación trigonométrica con estación total y prisma

Se estaciona la estación total en uno de los puntos y se sitúa el jalón porta-prismas en el otro, tomándose los siguientes datos:

- La altura (i) del eje horizontal del instrumento sobre el punto de estación medida con metro.

- La altura (h_P) del prisma. Normalmente el bastón porta-prismas es telescópico y lleva una escala graduada que indica la distancia del centro del prisma al suelo.

- El diferencial de altura (t). Este valor se obtiene directamente en la pantalla de la función de medida de distancias. Para obtenerlo hay que tener señaldo el cateto vertical del icono correspondiente.

A partir de los datos de campo, el desnivel se obtendrá mediante la fórmula:

$$\Delta Z = t + i - h_P$$

Ejemplo

Con los datos de campo que figuran en el estadillo adjunto, calcular el desnivel entre los puntos *1* y *2*.

ESTACIÓN	i	Puntos observados	h_P	t
1	*1,45*	*2*	*2,28*	*+11,53*

Solución

Se realiza directamente la suma algebraica: $t + i - h_P$.

$$\Delta Z = +11,53 + 1,45 - 2,28 = 10,70 \ metros$$

V.2.5. Itinerarios altimétricos

Cuando se quiera determinar la cota de varios puntos fijos del terreno, la operación podrá hacerse conjuntamente mediante el desarrollo de un itinerario altimétrico.

Mediante este procedimiento, es posible determinar la cota de una serie de puntos a partir de un único punto de cota previamente conocida, relacionando altimétricamente cada uno de ellos con el anterior en una sucesión encadenada de nivelaciones. Los segmentos que unen pares de puntos consecutivos constituyen los tramos del itinerario.

Al igual que en los planimétricos, los itinerarios altimétricos pueden ser *cerrados*, o *encuadrados* entre puntos de cotas conocidas. En el caso de itinerarios encuadrados, las cotas de los puntos de arranque y cierre deberán estar referidas a un mismo plano de comparación. Si el itinerario es cerrado y aislado, la cota del punto de arranque y cierre, que es el mismo, podrá ser elegida arbitrariamente.

Error de cierre altimétrico de un itinerario

En general, en todo itinerario altimétrico habrá siempre discrepancia entre el valor exacto de la cota del punto de llegada, conocida de antemano, y la obtenida a través de los datos de campo del itinerario. Su diferencia es: *el error de cierre altimétrico del itinerario.* Se obtiene, una vez concluido el itinerario, restando a la suma de los desniveles parciales de los tramos del itinerario resultantes de los datos de campo, ($\Sigma \Delta Z$), la diferencia entre las cotas conocidas de antemano de sus puntos inicial y final ($Z_{FINAL} - Z_{INICIAL}$).

$$E_C = \Sigma \Delta Z - (Z_{FINAL} - Z_{INICIAL})$$

Si el valor obtenido fuese menor que la tolerancia previamente establecida, el itinerario puede considerarse válido. En caso contrario, deberá ser rechazado.

Cálculos de gabinete

Los cálculos de gabinete comprenden las operaciones conducentes a la obtención de las cotas de los puntos del itinerario. Son estas:

- Cálculo de los desniveles de los tramos.
- Vertido de datos al impreso de compensación.
- Determinación y compensación del error altimétrico de cierre.
- Corrida de cotas.

Itinerario por alturas

Se realiza con Nivel Topográfico y mira mediante el método del punto medio. El desnivel entre los puntos extremos de cada tramo podrá obtenerse con una nivelación simple (una sola estación), o podrá requerir una nivelación compuesta (varias estaciones encadenadas), dependiendo de la longitud del tramo, de la pendiente del terreno y de las condiciones de la observación.

Ejemplo

Los datos adjuntos corresponden a un itinerario altimétrico por alturas que se ha desarrollado con objeto de conocer la cota de dos puntos, 2 y 3. El itinerario se ha iniciado en el punto 1 de cota conocida, Z = 948,739, y se ha cerrado en el punto 4, de cota también conocida, Z = 949,507.

De la observación de los datos se desprende que para la determinación de los desniveles de los tramos 1-2 y 2-3, ha sido necesario realizar sendas nivelaciones compuestas (varias estaciones de nivel), utilizando puntos auxiliares, a y b. El desnivel del tramo 3-4 se ha obtenido directamente mediante nivelación simple (una sola estación de nivel).

VISUALES DE ESPALDAS				VISUALES DE FRENTE				Desnivel Parcial (ΔZ)
Pun-tos	Lectura de hilos		Media	Pun-tos	Lectura de hilos		Media	
	Central	Extrem			Central	Extrem		
1	3,125	3,525 / 2,725	3,125	a	2,777	3,177 / 2,377	2,777	
a	2,371	2,721 / 2,021	2,371	2	3,808	3,968 / 3,648	3,808	
2	1,728	2,108 / 1,348	1,728	b	1,766	2,166 / 1,366	1,766	
b	3,174	3,524 / 2,824	3,174	3	2,432	2,822 / 2,042	2,432	
3	1,528	1,918 / 1,138	1,528	4	0,384	0,734 / 0,034	0,384	

Calcular la cota de los puntos *2* y *3*.

Solución

1.- Cálculo de los desniveles de los tramos.- Se realiza en el propio estadillo de campo que suele tener columnas previstas para tal fin. Los desniveles de los tramos con nivelación simple se obtienen directamente por diferencia entre las respectivas lecturas de espaldas y de frente.

En el caso de tramos con nivelación compuesta, se debe calcular, en primer lugar, los desniveles correspondientes a cada nivelada. Luego, sumando algebraicamente estos, se obtiene el desnivel del tramo.

El desnivel obtenido para los tramos con nivelación compuesta se debe comprobar verificando que su valor es igual a la diferencia entre la suma de las lecturas de espaldas y la suma de las lecturas de frente del tramo correspondiente.

VISUALES DE ESPALDAS				VISUALES DE FRENTE				Desnivel Parcial (ΔZ)
Puntos	Lectura de hilos		Media	Puntos	Lectura de hilos		Media	
	Central	Extrem			Central	Extrem		
1	3,125	3,525 / 2,725	3,125	a	2,777	3,177 / 2,377	2,777	+0,348
a	2,371	2,721 / 2,021	2,371	2	3,808	3,968 / 3,648	3,808	- 1,437
			5,496 / -6,585 / -1,089				6,585	- 1,089
2	1,728	2,108 / 1,348	1,728	b	1,766	2,166 / 1,366	1,766	- 0,038
b	3,174	3,524 / 2,824	3,174	3	2,432	2,822 / 2,042	2,432	+0,742
			4,902 / -4,198 / +0,706				4,198	+0,704
3	1,528	1,918 / 1,138	1,528	4	0,384	0,734 / 0,034	0,384	+1,144

2.- Vertido de datos al impreso de compensación.- Los desniveles obtenidos se vierten al impreso de compensación donde se continuará el cálculo de gabinete.

COMPENSACIÓN DE DESNIVELES

Itinerario   *Encuadrado*

De   *1 (948,739)*

A   *4 (949,507)*

Error Tolerado:

Cota de salida	
Cota de llegada	
DIFERENCIA....	
Suma de desniveles..	
Error de cierre..........	

EJES	DESNIVELES			Correc-ción	Compen-sados	Puntos	COTAS
	Directo	Inverso	Promedio				
1 - 2	- 1,089		- 1,089				
2.- 3	+0,704		+0,704				
3 - 4	+1,144		+1,144				
		Σ =	+0,759				

3.1.- Determinación del error de cierre.- Se realiza en el cuadro que al efecto llevan los impresos de compensación. Se obtiene restando a la diferencia entre las cotas conocidas de salida y llegada, la suma algebraica de los desniveles de los tramos.

Cota de salida	948,739
Cota de llegada	949,507
DIFERENCIA....	- 0,768
Suma de desniveles..	+ 0,759
Error de cierre..........	- 0,009

3.2.- Compensación del error de cierre.- Tiene por finalidad eliminar el error de cierre del itinerario. Para ello se debe aplicar una compensación total del mismo valor absoluto y signo contrario que el error de cierre:

$$Compensación\ total = +0,009$$

La compensación total se debe dividir entre el número de tramos del itinerario para determinar la compensación por tramo. Por tanto:

$$Compensación\ por\ tramo = +0,009: 3 = +0,003$$

Los desniveles compensados se obtienen sumando algebraicamente a los respectivos desniveles las compensaciones a aplicar a cada tramo.

COMPENSACIÓN DE DESNIVELES

Itinerario   *Encuadrado*

de   *1 (948,739)*

a   *6 (949,507)*

Error Tolerado:

Cota de salida	*948,739*
Cota de llegada	*949,507*
DIFERENCIA....	*- 0,768*
Suma de desniveles..	*+ 0,759*
Error de cierre..........	*- 0,009*
A compensar	*+ 0.009*

EJES	DESNIVELES			Correc-ción	Compen-sados	Puntos	COTAS
	Directo	Inverso	Promedio				
						1	*948,739*
1 - 4	*- 1,089*		*- 1,089*	*+0,003*	*- 1,086*	*4*	*947,653*
4.- 5	*+0,704*		*+0,704*	*+0,003*	*+0,707*	*5*	*948,360*
5 - 6	*+1,144*		*+1,144*	*+0,003*	*+1,147*	*6*	*949,507*
		Σ =	*+0,759*	*+0,009*	*+0,768*		

En los casos en que la compensación por tramo resultase con más cifras decimales que las de los desniveles, sería necesario redondear los valores de las correcciones con el fin de igualar sus cifras decimales a las de aquellos.

En cualquier caso, la suma de las compensaciones por tramo deberá ser igual al valor de la compensación total.

Finalmente, si la compensación se ha hecho correctamente, la suma algebraica de los desniveles corregidos deberá ser igual en valor absoluto y signo contrario que la diferencia entre las cotas de salida y de llegada.

4.- Corrida de cotas.- En esta operación se obtienen las cotas de los puntos del itinerario. Se obtendrán sumando algebraicamente a la cota del punto anterior el desnivel del tramo correspondiente. De esta forma, la cota del punto *4* se obtendrá sumando a la cota del punto *1* el desnivel parcial del tramo *1-4*. La del punto *5*, sumando a la cota del punto de *4* el desnivel del tramo *4-5,* y así sucesivamente.

Finalmente, si la corrida de las cotas se ha realizado correctamente, la cota que se obtenga para el punto de cierre, el *6* en este caso, deberá coincidir exactamente con la conocida inicialmente como dato de partida.

Itinerario por pendientes

Se realiza con taquímetro y mira o Estación total y prisma, mediante el método del punto extremo. Los desniveles de los tramos se determinan normalmente por partida doble, mediante sendas estaciones en los dos puntos extremos de cada tramo, tomándose como valor definitivo la media de los dos valores obtenidos. Las operaciones de volcado de datos, compensación del error de cierre y corrida de cotas, se realizan de forma similar a la ya explicada para el itinerario por alturas.

Ejemplo

Los datos adjuntos corresponden a un itinerario por pendientes observado con taquímetro y mira vertical. Se ha iniciado en el punto 7 de cota conocida, $Z =613,58$, y se ha cerrado en el punto *10* de cota también conocida, $Z =651,53$.

Como se puede apreciar por la observación de los datos de campo, cada desnivel se ha tomado dos veces, una vez en la dirección del desarrollo del itinerario, estación en 7 punto visado 8, por ejemplo, y otra en sentido inverso a la marcha, estación en 8 punto visado 7.

Se trata de calcular las cotas de los puntos 8 y 9.

ESTA-CIÓN	i	Puntos obser-vados	LECTURA HILOS		g	d	LECTURA CÍRCULOS		t	Δz
			Extre	Axial			Hz	Vertical		
7	1,42	8	1,52 / 0,50	1,01				96,09		
8	1,40	7	1,42 / 0,40	0,91				104,53		
		9	1,52 / 0,30	0,91				93,06		
9	1,41	8	1,72 / 0,50	1,11				107,34		
		10	1,34 / 0,40	0,87				88,27		
10	1,16	9	1,04 / 0,10	0,57				112,51		

Solución.-

1.- Cálculo de los desniveles parciales.- El cálculo se inicia obteniendo en cada visual el respectivo número generador (g). Luego se obtienen los valores de los términos t mediante la fórmula:

$$t = g \cdot \operatorname{sen} V \cdot \cos V$$

y finalmente los desniveles:

$$\Delta Z = t + i - m$$

Los distintos valores obtenidos se deben ir anotando en las correspondientes casillas de impreso de campo que suele tener columnas previstas para tal fin.

ESTA-CIÓN	i	Puntos observados	LECTURA HILOS		g	d	LECTURA CÍRCULOS		t	Δz
			Extre	Axial			Hz	Vertical		
7	1,42	8	1,52 / 0,50	1,01	102			96,09	+6,24	+6,65
8	1,40	7	1,42 / 0,40	0,91	102			104,53	-7,23	-6,74
		9	1,52 / 0,30	0,91	122			93,06	+13,19	+13,68
9	1,41	8	1,72 / 0,50	1,11	122			107,34	-13,93	-13,63
		10	1,34 / 0,40	0,87	94			88,27	+16,93	+17,47
10	1,16	9	1,04 / 0,10	0,57	94			112,51	-17,99	-17,39

2.- Determinación y compensación del error de cierre y cálculo de cotas.- Se realiza en el mismo estadillo y con los mismos procedimientos que en el caso de la nivelación por alturas del ejemplo anterior. Sin embargo, presenta la particularidad de que dado que cada desnivel se ha calculado dos veces, es necesario rellenar las dos columnas de los desniveles. En la columna directo se pondrán los obtenidos en el sentido del desarrollo del itinerario y en la columna inverso los obtenidos en el sentido contrario. Se tomará como valor definitivo del desnivel de cada tramo, el promedio de los dos desniveles con el signo que tiene el desnivel directo (vease la página siguiente).

COMPENSACIÓN
DE DESNIVELES

Itinerario   *Encuadrado*

de   *7 (613,58)*

a   *10 (651,53)*

Error Tolerado: _____

Cota de salida	*613,58*
Cota de llegada	*651,53*
DIFERENCIA....	*- 37,95*
Suma de desniveles..	*+37,78*
Error de cierre..........	*- 0,17*
A compensar	*+0.17*

EJES	DESNIVELES			Correc-ción	Compen-sados	Puntos	COTAS
	Directo	Inverso	Promedio				
						7	613,58
7 – 8	+6,65	- 6,74	+6,70	+0,05	+6,75	8	620,33
8 – 9	+13,68	- 13,63	+13,65	+0,06	+13,71	9	634,04
9 - 10	+17,47	-17,39	+17,43	+0,06	+17,49	10	651.53
		Σ =	+37,78	+0,17	+37,95		

VI. LEVANTAMIENTOS TOPOGRÁFICOS

VI.1. TAQUIMETRÍA

VI.1.1. Concepto de Taquimetría

Se denomina Taquimetría a la parte de la Topografía que desarrolla los métodos y procesos adecuados para la determinación *simultánea* de las tres coordenadas X, Y, Z de los puntos del terreno, referidas a un sistema trirrectangular de referencia cuyo eje YY' ocupe la dirección de la línea Norte-Sur y el eje ZZ' la vertical.

Los procedimientos taquimétricos son la base de la elaboración de planos de configuración del terreno mediante curvas de nivel. También se emplean cuando se desea obtener un plano con puntos acotados.

Los instrumentos adecuados para su aplicación son el taquímetro y la Estación total.

VI.1.2. Radiación taquimétrica

El método operatorio es similar al de la radiación planimétrica. Se estaciona el instrumento, taquímetro o estación total, en un punto de coordenadas X, Y, Z conocidas y se visa a una dirección de acimut conocido, anotando la lectura horizontal obtenida. Luego, colocando un blanco, mira o prisma según el caso, en los puntos cuya posición espacial se quiera determinar, se van realizando las oportunas colimaciones, anotando en cada una de ellas los datos siguientes:

Radiación con taquímetro y mira

- Altura i del instrumento sobre el punto de estación [8].
- Lectura de los tres hilos del retículo sobre la mira.
- Lecturas de los círculos horizontal y vertical.

Radiación con estación total y prisma

- Altura i del instrumento en el punto de estación.
- Altura h_P del prisma [9].
- Distancia reducida y valor del término t.
- Lectura del círculo horizontal.

Atendiendo al método operatorio, la radiación taquimétrica puede ser orientada o no orientada.

Cálculos de gabinete

Consisten en calcular las coordenadas absolutas X, Y, Z de cada uno de los puntos destacados.

El cálculo se debe iniciar obteniendo los acimutes de las distintas visuales. Si la radiación se ha ejecutado orientada, las lecturas del círculo horizontal son directamente los acimutes. Si la radiación se ha hecho sin orientar, habrá que calcular, en primer lugar, la desorientación δ del

---

[8] Se mide con metro entre el eje secundario del aparato y el suelo.
[9] Normalmente el bastón porta-prismas es telescópico y lleva una escala graduada que indica la distancia del centro del prisma al suelo.

instrumento en la estación y luego, obtener los acimutes a partir de las lecturas horizontales y de la desorientación:

$$\theta = L + \delta$$

A continuación se deben obtener, si no se dispone del dato, las distancias reducidas correspondientes. Con ello, cada punto del levantamiento estará relacionado con el de estación mediante los elementos: *acimut topográfico*, *ángulo vertical* y *distancia reducida*.

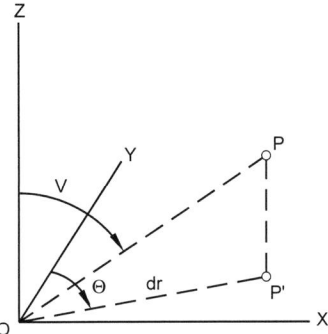

Luego se deben calcular, a partir de los elementos anteriores, las coordenadas parciales de cada destacado respecto del punto de estación mediante la aplicación de las conocidas fórmulas:

$$\Delta X = d_R \cdot \operatorname{sen} \theta$$

$$\Delta Y = d_R \cdot \cos \theta$$

$$\Delta Z = d_R \cdot \operatorname{cotag} V + i - m \; ; \qquad \text{o} \qquad \Delta Z = t + i - h_P$$

siendo, según el caso:

d_R = distancia reducida
θ = acimut topográfico del punto visado
V = distancia cenital leída en el círculo vertical
i = altura de instrumento en el punto de estación
m = lectura del hilo central del retículo

173

h_P = altura del prisma.

Por último, las coordenadas generales de los destacados se obtendrán sumando algebraicamente sus coordenadas parciales con las generales del punto de estación:

$$X_P = \Delta X_E^P + X_E$$

$$Y_P = \Delta Y_E^P + Y_E$$

$$Z_P = \Delta Z_E^P + Z_E$$

VI.1.3. Poligonación taquimétrica

Cuando en un levantamiento taquimétrico se hace necesario emplear más de una estación como centro de radiación, las estaciones consecutivas deben enlazarse entre sí, pues en caso contrario las operaciones de levantamiento hechas desde sus centros respectivos resultarían independientes. El enlace consiste en procurarse todos los elementos necesarios para obtener las coordenadas generales de un punto cualquiera. Una de las formas de hacerlo es mediante el desarrollo de una poligonal taquimétrica.

La poligonación taquimétrica se ejecuta simultáneamente con la radiación taquimétrica. Su aplicación permite ir enlazando, sobre la marcha, una serie de estaciones consecutivas que se van utilizando de forma inmediata como sucesivos centros de radiación.

Operación de campo

La toma de datos se debe iniciar siempre en un punto de coordenadas X, Y, Z conocidas. Tras estacionar en él y visar a un punto de referencia de acimut conocido, se procederá a la radiación taquimétrica de los puntos que sea posible posicionar, debiendo tomar en último lugar el que se elija para constituir la siguiente estación.

Al estacionar en la segunda estación, se deberá visar, en primer lugar, al punto correspondiente a la primera, luego se ejecutará la radiación taquimétrica del resto de los puntos, terminando con la del punto donde se vaya a situar la tercera estación. Y así sucesivamente.

La última estación del levantamiento se deberá ubicar, al igual que la primera, en un punto de coordenadas X, Y, Z conocidas. La última visual se deberá dirigir a punto de referencia de acimut conocido.

Todos los puntos del levantamiento, sean estaciones o destacados, se deben numerar correlativamente. En el estadillo siguiente se incluye un ejemplo de toma de datos de un levantamiento taquimétrico no orientado, realizado con taquímetro y mira.

| ESTA-CIÓN | i | Puntos Obser-Vados | LECTURA HILOS | | G | d | LECTURA CÍRCULOS | | t | ΔZ |
			Extre	Axial			Hz	Vertical		
1	1,45	100					128,36			
		2	1,04 0,10	0,57			145,62	98,75		
		3	2,10 0,30	1,20			170,20	99,25		
		4	1,80 0,20	1,00			199,98	99,00		
4	1,48	1	1,70 0,10	1,00			256,25	101,00		
		5	2,20 0,40	1,30			75,96	96,54		
		6	1,40 0,20	0,80			145,68	98,75		
		7	3,20 0,40	1,80			365,78	99,10		
		8	1,20 0,20	0,70			2,25	98,56		
8	1,50	4			*Y así sucesivamente*					

Cálculos de gabinete

Consisten en calcular las coordenadas *X, Y, Z,* de los puntos del levantamiento. El cálculo conjunto de todo el levantamiento es complejo y farragoso. Debido a ello, es aconsejable realizarlo mediante la aplicación de programas informáticos específicos para la Topografía.

De forma manual, se debe calcular separadamente los itinerarios planimétrico y altimétrico[10], y las distintas radiaciones, utilizando para ello los mismos impresos y procedimientos que se han expuesto en Planimetría y Altimetría.

VI.1.4. Estación libre (enlace de Porro)

La estación libre es una función de la que disponen la mayoría de las Estaciones Totales. Consiste en la posibilidad de estacionar el instrumento en cualquier punto y calcular las coordenadas X, Y, Z de dicho punto y la orientación del círculo Hz dirigiendo visuales a una serie de puntos de coordenadas conocidas y tomando los datos de una radiación taquimétrica.

La aplicación sistemática del procedimiento de la estación libre facilita enormemente los trabajos de campo en los levantamientos taquimétricos con estación total, ya que permite enlazar dos centros de radiación consecutivos sin necesidad de que sean visibles entre sí. Basta con que haya una serie de puntos intermedios que se vean a la vez de una y otra estación.

El cálculo de las coordenadas y desorientación de la estación libre se fundamenta en el denominado enlace indirecto o de Porro, procedimiento que se ha venido aplicando tradicionalmente, aunque con muchas limitaciones, en los levantamientos taquimétricos. La aparición de la instrumentación electrónica y los sistemas informáticos ha permitido que se generalice su utilización.

Sean *A* y *B* dos estaciones consecutivas no visibles entre sí (véase la figura siguiente). Obviamente, la radiación en la estación *A* no se podrá terminar destacando la siguiente estación, *B*, puesto que esta no es visible.

---

[10] Mediante el itinerario planimétrico se calculan las coordenadas *X, Y* de las estaciones. Las *Z* se obtienen en el altimétrico.

En su lugar, se radiarán y dejarán señalados en el terreno dos puntos auxiliares m y n, visibles también desde B, que son los que se van a emplear para enlazar ambas estaciones.

Al estacionar el instrumento en B, siguiente estación, tampoco se podrá iniciar la radiación visando a la estación de atrás, ya que esta no es visible. En su lugar, la toma de datos se iniciará destacando nuevamente desde B los puntos auxiliares m y n.

El método de Porro consiste en determinar, en primer lugar, _la deso-rientación en la estación_ B y, posteriormente, las _coordenadas generales de_ B, que son los datos necesarios para continuar el itinerario; a partir de los datos de campo que se poseen que, evidentemente, no son los habituales.

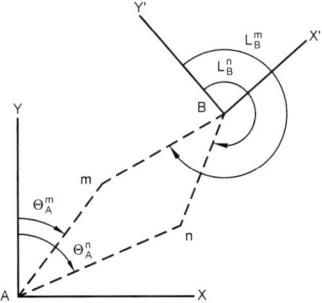

Para resolver el enlace, se empezará calculando las coordenadas particulares de m y n con respecto al sistema de referencia orientado centrado en A.

$$x_A^m = d_A^m \cdot \operatorname{sen}\theta_A^m \; ; \qquad y_A^m = d_A^m \cdot \cos\theta_A^m$$
$$x_A^n = d_A^n \cdot \operatorname{sen}\theta_A^n \; ; \qquad y_A^n = d_A^n \cdot \cos\theta_A^n$$

y a partir de ellas el acimut de la recta mn, que en este caso vale:

$$\theta_m^n = 200 - \operatorname{arc\,tag} \frac{x_A^n - x_A^m}{y_A^n - y_A^m}$$

También se calcularán las coordenadas parciales de *m* y *n* respecto del sistema de referencia centrado en *B*, que es desorientado[11] y del que no se poseen datos para corregir de orientación.

$$x_B^m = d_B^m \cdot \operatorname{sen} L_B^m \; ; \qquad\qquad y_B^m = d_B^m \cdot \cos L_B^m$$
$$x_B^n = d_B^n \cdot \operatorname{sen} L_B^n \; ; \qquad\qquad y_B^n = d_B^n \cdot \cos L_B^n$$

y a partir de ellas, el ángulo que forma la dirección del eje *YY'* de dicho sistema con la recta *mn*:

$$\Phi_m^n = 200 - \operatorname{arc\ tag} \frac{x_B^n - x_B^m}{y_B^n - y_B^m}$$

Finalmente, la diferencia de los ángulos θ_m^n y Φ_m^n será, según se desprende de la observación de figura siguiente, la desorientación de la estación *B*.

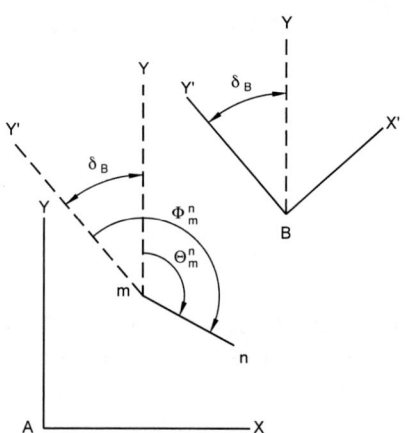

$$\delta_B = \theta_m^n - \Phi_m^n$$

Una vez calculada la desorientación en *B*, se corrigen de orientación las lecturas horizontales obtenidas al visar desde *B* a *m* y *n*. Sumándoles la

---

[11] En *B* no se puede orientar el instrumento ya que no existe la posibilidad de enlazar con la estación anterior, *A*.

desorientación en dicha estación, δ_B, se obtendrán sus respectivos acimutes:

$$\theta_B^m = \delta_B + L_B^m \qquad\qquad \theta_B^n = \delta_B + L_B^n$$

y, a partir de ellos, se podrán calcular los valores de sus coordenadas particulares respecto a un sistema de referencia orientado centrado en B:

$$x_B^m = d_B^m \cdot \operatorname{sen} \theta_B^m \qquad\qquad y_B^m = d_B^m \cdot \cos \theta_B^m$$
$$x_B^n = d_B^n \cdot \operatorname{sen} \theta_B^n\,; \qquad\qquad y_B^n = d_B^n \cdot \cos \theta_B^n$$

Por último, *las coordenadas parciales de B respecto de A* (dos pares de valores) se obtendrán por las expresiones:

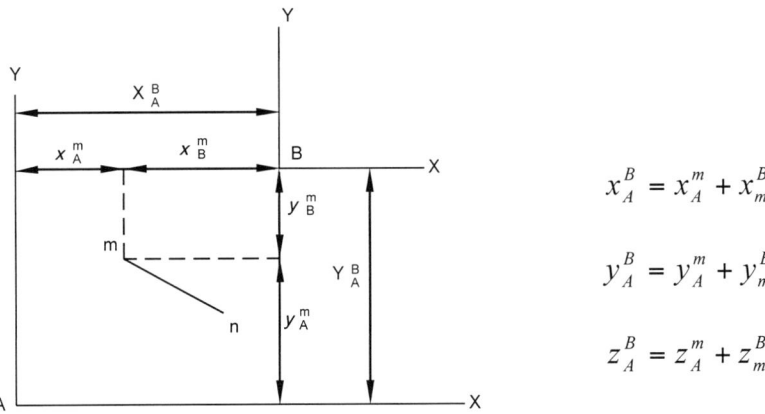

$$x_A^B = x_A^m + x_m^B$$

$$y_A^B = y_A^m + y_m^B$$

$$z_A^B = z_A^m + z_m^B$$

Y análogamente:

$$x_A^B = x_A^n + x_n^B\,; \qquad y_A^B = y_A^n + y_n^B\,; \qquad z_A^B = z_A^n + z_n^B$$

Los dobles valores obtenidos para las tres coordenadas comprueban el trabajo, tomándose como valor definitivo el promedio de ambos. Es aconsejable, también, como comprobación, comparar los dos valores de la longitud *mn* que pueden deducirse de las coordenadas respecto a A y B.

Finalmente, *las generales de B* se obtendrán sumando a las coordenadas particulares de B respecto de A las generales de esta. Con ello se habrá resuelto el enlace, ya que se dispondrá de los datos necesarios para continuar el itinerario: la desorientación en B y la posición de dicha estación respecto al sistema general de referencia.

VI.1.5. Intersección directa taquimétrica

El método operatorio es similar al de la intersección directa planimétrica, variando únicamente el tipo de datos que se toman en campo.

Se estaciona un taquímetro o estación total en cada uno de los puntos de posición conocida y se colima a los otros dos, el otro conocido y el desconocido, anotando las dos lecturas angulares acimutales y la cenital correspondiente a la visual al desconocido. También se deberán medir las respectivas alturas del instrumento (i) sobre los puntos de estación.

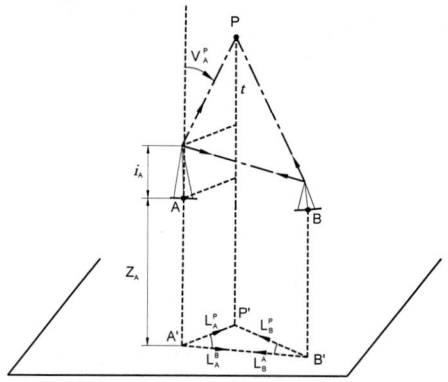

Las coordenadas plamimétricas, X, Y del punto P se calculan mediante el procedimiento ya explicado para la intersección directa planimétrica (Apartado IV.3.2)

La coordenada Z del punto P se calcula a partir de las distancias cenitales de las respectivas colimaciones y las alturas del instrumento en cada estación, mediante las expresiones:

$$Z_P = Z_A + i_A + A'P' \cdot \cot g \, V_A^P$$
$$Z_P = Z_B + i_B + B'P' \cdot \cot g \, V_B^P$$

obteniéndose, igualmente, dos valores, tomándose como valor definitivo la media de los dos.

VI.2. EL RELLENO ALTIMÉTRICO

VI.2.1. Concepto

La operación de relleno altimétrico consiste en la toma de los datos de campo necesarios para conseguir la representación gráfica del relieve del terreno mediante curvas de nivel.

Como quiera que las curvas de nivel se obtienen siempre a partir de un plano con puntos acotados, el trabajo de campo del relleno altimétrico consistirá en el levantamiento taquimétrico de una serie de puntos del terreno elegidos de manera que faciliten el posterior trazado de las curvas de nivel y permitan obtener unas formas del relieve que reflejen fielmente la realidad.

El problema que se plantea inicialmente es, por tanto, de selección de puntos. De entre los infinitos puntos del terreno, solo se deben tomar aquellos que se consideren necesarios para conseguir un correcto dibujo de las curvas de nivel.

VI.2.2. Elementos que permiten definir el relieve

Desde el punto de vista del relleno altimétrico, hay que considerar dos tipos de elementos que permiten realizar el dibujo de las curvas de nivel en el plano: las líneas de rotura y los puntos complementarios.

Son *líneas de rotura* las que configuran el "esqueleto" del relieve del terreno: líneas de vaguadas, divisorias y cambio de pendiente. De estas líneas hay que tomar todos los puntos que permitan definirlas geométricamente en el plano: puntos de inicio, final y cambio de dirección, y además aquellos puntos donde sufran un cambio en su pendiente.

La toma de los puntos de cambio de pendiente es fundamental para obtener una buena representación del relieve del terreno, ya que la interpolación que se realiza para el trazado de las curvas de nivel se fundamenta en suponer que entre cada dos puntos consecutivos del plano la pendiente es uniforme.

Las líneas de rotura son insuficientes para realizar correctamente el trazado de las curvas de nivel. Solo con ellas, se podrán determinar por interpolación los puntos de corte de las curvas de nivel con las líneas, pero no se tendrá idea de la forma que la curva debe adoptar entre dos líneas de rotura consecutivas. Para solucionar tal incertidumbre, es necesario rellenar los espacios entre las líneas de rotura con una serie de puntos altimétricos cuya función sea guiar el trazado de las curvas por dichos espacios. Estos puntos son los llamados *puntos complementarios*. Son puntos del terreno situados entre dos líneas de rotura consecutivas. De estos puntos se deben tomar los próximos a las líneas de rotura y los situados a media ladera. Su densidad dependerá de la naturaleza del terreno, de la escala del levantamiento y de la equidistancia. En cualquier caso, cuanto mayor sea esta, más ajustado a la realidad quedará el trazado de la curva de nivel.

A la hora de elegir los elementos a tomar, es importante tener en cuenta la equidistancia con la que se van a dibujar las curvas de nivel en el plano, debiendo prescindirse de las inflexiones del terreno que luego no se vayan a percibir en el dibujo (elevaciones de 2 metros en equidistancia de 5 metros, por ejemplo).

Es reprobable, por otro lado, el sistema de hacer el relleno altimétrico mediante el levantamiento de una cuadrícula de puntos sin tener en cuenta líneas de rotura ni formas del relieve. Este método solo puede ser aceptable en el caso de zonas muy llanas en las que prácticamente no existan líneas de rotura.

VI.2.3. Trabajos de campo

La toma de datos para obtener un plano con curvas de nivel, se realiza por procedimientos taquimétricos, conjuntamente con la toma de los elementos planimétricos que deban representarse en el plano.

Los datos correspondientes a las observaciones taquimétricas se deben anotar en los registros al efecto. Tales registros se deben acompañar necesariamente del dibujo de un croquis en el que debe figurar la situación de las estaciones y los detalles del terreno con los destacados que los definan.

El dibujo de este croquis se podrá hacer en una sola hoja, abarcando toda la zona del levantamiento, o en varias hojas, sectorizando la zona de los trabajos. En cualquier caso, en el croquis han de figurar todos los elementos planimétricos que hayan de levantarse y las líneas de rotura del relieve con indicación de su naturaleza: divisoria, vaguada y línea de cambio de pendiente. También deberá figurar la toponimia de la zona.

El croquis se debe completar con un dibujo a mano alzada de la forma de las curvas de nivel. Estas curvas se dibujarán sin ningún valor altimétrico. Su objeto es simplemente reflejar las formas del relieve del terreno con vistas al futuro trabajo de gabinete.

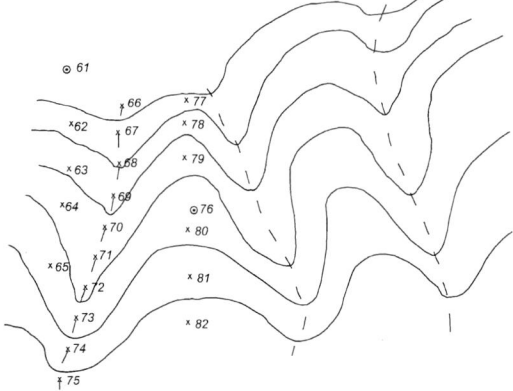

La situación de las estaciones y los puntos destacados se deberá ir señalando sobre el croquis al mismo tiempo que se hace la toma de datos. Este proceder es de gran utilidad, pues permite controlar en todo momento la zona que se lleva levantada y la que aún queda por levantar, sirviendo para no dejar lagunas en el trabajo.

Con el fin de ejecutar acertadamente el levantamiento, es aconsejable planificar adecuadamente el trabajo a desarrollar realizando un estudio previo en el que se decidan los métodos más adecuados para conseguir, en función de los medios de que se dispone, el objetivo que se persigue.

VI.2.4. Dibujo del plano

Los trabajos de gabinete se inician con la obtención de las coordenadas X, Y, Z de todos los puntos levantados y el transporte de dichos puntos al soporte donde se va a realizar el dibujo del plano.

Una vez dibujados todos lo puntos en el soporte del plano con indicación de su cota, se iniciará el dibujo de este uniendo adecuadamente, a la vista del croquis, los puntos que configuran los elementos planimétricos del levantamiento y las líneas de rotura del terreno[12].

Finalmente se procederá al trazado de las curvas de nivel, debiendo dibujarse únicamente aquellas cuyas cotas que sean múltiplo de la equidistancia del plano.

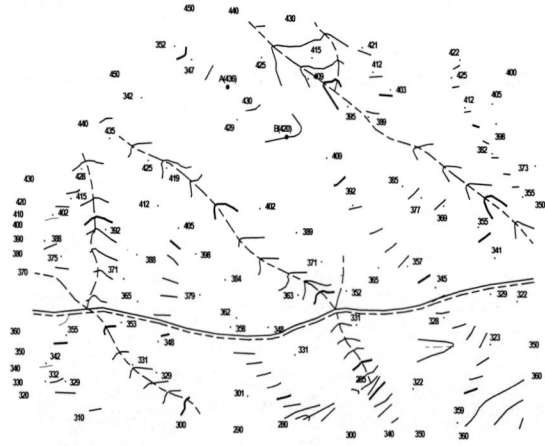

---

[12] Normalmente las líneas de rotura se borran una vez acabado el dibujo del plano, conservando únicamente las vaguadas cuando formen parte de un sistema hidrográfico.

Como los puntos que se tomaron en el campo y posteriormente se dibujaron en el papel responden a la necesidad de esquematizar el terreno, tendrán, casi siempre, cotas distintas de las que correspondan a las curvas de nivel que sea preciso trazar. Será necesario, por tanto, determinar sobre el plano los puntos de paso de las curvas de nivel que se van a dibujar. Esto se consigue mediante interpolaciones gráficas realizadas entre puntos contiguos de cota conocida.

Una vez obtenidos todos los puntos de paso de las curvas de nivel, bastará unir, a la vista del croquis, los puntos de igual cota, para obtener las curvas de nivel[13].

VI.2.5. Modelo digital del terreno y curvado automático

Un modelo en sentido genérico es, "una representación simplificada de la realidad en la que aparecen algunas de sus propiedades".

La infraestructura básica para obtener un Modelo Digital del Terreno (MDT) a partir de los datos de un levantamiento topográfico, está constituida por el denominado: "modelo digital de elevaciones", que es una estructura numérica de datos que representa la distribución espacial de la altitud de la superficie del terreno. La unidad básica de información es un punto acotado, definido por una terna compuesta por el valor de su cota, Z, al que acompañan los valores correspondientes de X e Y.

La obtención de un modelo digital del terreno y el posterior proceso de curvado automático exigen la utilización de un programa adecuado en 3D. Se inicia con el volcado al ordenador de los ficheros de datos. Estos pueden ser datos brutos tomados en campo, o listados a cuatro columnas en los que figure el número y las coordenadas X, Y, Z de cada uno de los puntos del levantamiento. Opcionalmente, los listados pueden incluir una quinta columna con un código alfanumérico para el punto.

Los códigos alfanuméricos los establece el usuario. Se introducen para cada punto junto con los datos que se toman en campo. Sirven para indicar el elemento planimétrico o línea de rotura al que pertenece cada punto y el orden que ocupa dentro de dicho elemento. Teóricamente, el empleo de los códigos evita la necesidad de realizar un croquis del levantamiento, ya

---

[13] Todo lo relacionado con las formas del relieve del terreno y el proceso completo y detallado del trazado de curvas de nivel se puede consultar en el apartado I.2.2.

que permite el dibujo automático de las líneas, elementos o entidades previamente codificadas.

En cualquier caso, la fase siguiente al volcado de datos es el dibujo de los detalles planimétricos y de la líneas de rotura del levantamiento. El dibujo se podrá realizar de forma automática, mediante los códigos, o manualmente, a la vista del croquis y utilizando las herramientas de dibujo propias del programa con el que se esté trabajando. Lo habitual es realizar el dibujo mediante el empleo combinado de ambos procedimientos. Es recomendable situar los elementos planimétricos y las líneas de rotura altimétricas en capas diferentes.

A continuación se procede a crear el MDT. Para ello el sistema genera una malla triangular en 3D. La estructura de la malla se compone de un conjunto de triángulos irregulares adosados que suele identificarse por las siglas de su denominación inglesa: *triangulated irregular network*, *TIN*. Los triángulos se construyen uniendo cada punto con los dos más cercanos no colineales y que se encuentren al mismo lado de una línea de rotura. Se adosan sobre el terreno formando un mosaico que puede adaptarse a la superficie del terreno con diferente grado de detalle, en función de la complejidad del relieve. Evidentemente el modelo se ajustará tanto más a la realidad cuanto mayor sea la densidad de puntos y por tanto menor la superficie de los triángulos de la malla. La estructura TIN permite incorporar datos auxiliares al modelo como líneas de comunicación, red hidrológica, etc.

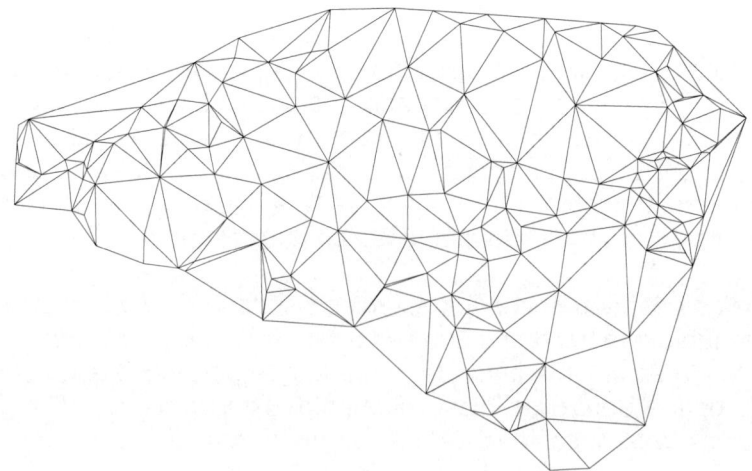

Curvado automático

El curvado automático se realiza sobre la malla constituida por la estructura *TIN*. El sistema realiza una interpolación en los lados de los triángulos de la red teniendo en cuenta la equidistancia de las curvas de nivel y las dibuja uniendo, en cada triángulo, los puntos de igual cota.

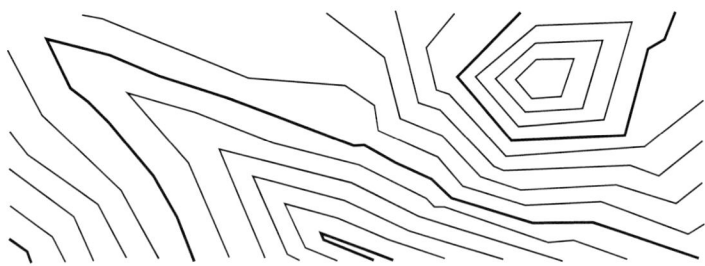

El dibujo de las curvas que se obtiene automáticamente responde al curvado real del terreno según los puntos levantados, ya que es esta, y no otra, la realidad numérica obtenida. Sin embargo su aspecto es anguloso y poco aparente. Es por ello que a las curvas de nivel se les suele aplicar posteriormente un "suavizado" que no es más que una aproximación inventada que se hace para que el dibujo quede más bonito y se aparente más a las curvas del terreno real.

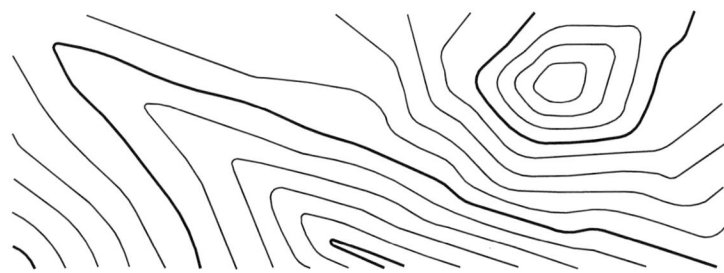

De lo anterior se deduce que para trabajos posteriores con programas de desarrollo de proyectos para la realización de perfiles, determinación del volumen del movimiento de tierras, etc., se debe utilizar la realidad numérica calculada representada por las curvas originales y de ningún modo se deben emplear las curvas de nivel suavizadas. Por ello se recomienda hacer el suavizado solo para imprimir el plano y después de imprimirlo descartarlo y continuar trabajando con las curvas sin suavizar.

VI.3. MEDIDA DE SUPERFICIES

VI.3.1. Consideraciones generales

Cuando se trata de medir la superficie de una zona de terreno, es necesario aclarar, en primer lugar, si lo que se necesita obtener es el área de su superficie real o el área de su proyección horizontal, superficie denominada *agraria*; con el fin de establecer el procedimiento adecuado al caso.

Como se verá a continuación, existe una gran variedad de métodos para obtener el área de una superficie. La elección de uno u otro dependerá del tipo de superficie que se pretenda medir, de las exigencias de precisión en su medida y de los datos de que se disponga para su determinación.

Los métodos de medidas de superficies suelen clasificarse, atendiendo a la procedencia de los datos que se empleen, en: *numéricos, analíticos, gráficos* y *mecánicos.*

Al aplicar un método, deberá tenerse en cuenta que, en general, los que utilizan para el cálculo datos obtenidos con instrumentos o procedimientos topográficos solo permiten obtener áreas de superficies agrarias, ya que el plano de referencia es el horizontal, y los ángulos y distancias que se emplean están reducidos al horizonte.

VI.3.2. Métodos numéricos

Se entiende por métodos numéricos de determinación de superficies aquellos que obtienen las áreas a partir de datos tomados directamente en campo con ese objeto. Son los más precisos.

Método de descomposición en triángulos

Es el método numérico más simple. Para su aplicación solo es necesario el empleo de una cinta métrica. Se emplea, normalmente, para obtener la superficie de solares y de interiores. Consiste en descomponer la figura inicial en triángulos, de los que se medirán los tres lados.

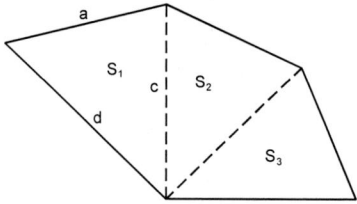

La superficie de cada uno de los triángulos se calculará mediante la fórmula que permite obtener su área a partir de las longitudes de sus tres lados:

$$S = \sqrt{p(p - a)(p - b)(p - c)}$$

siendo: a, b, y c las longitudes de los lados, y p el semiperímetro.

El área total de la figura inicial se obtendrá finalmente sumando las áreas de todos los triángulos en los que se ha descompuesto.

$$S_T = S_1 + S_2 + S_3$$

El procedimiento descrito carece de comprobación, ya que en campo solo se toman los datos estrictamente necesarios para obtener las áreas de los triángulos resultantes. Para obtener comprobación del área obtenida, será necesario descomponer nuevamente la figura original en triángulos distintos a los de la primera vez, y volver a repetir el procedimiento de medida de lados y cálculo de áreas.

Cuando la figura a superficiar es un cuadrilátero, el procedimiento de comprobación se simplifica bastante. En este caso, para poderlo desarrollar basta con medir la segunda diagonal del cuadrilátero.

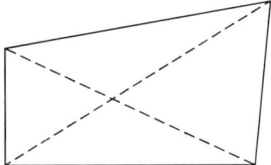

Método de radiación

Para su aplicación es necesario disponer de una estación total o similar. La toma de datos se realiza de la forma siguiente:

Se estaciona el instrumento en un punto central de la zona objeto del levantamiento, procediéndose a medir las longitudes de los visuales dirigidos a todos los puntos de inflexión del perímetro y los ángulos comprendidos entre ellos; quedando, de este modo, la superficie a medir dividida en triángulos limitados por cada dos radios consecutivos.

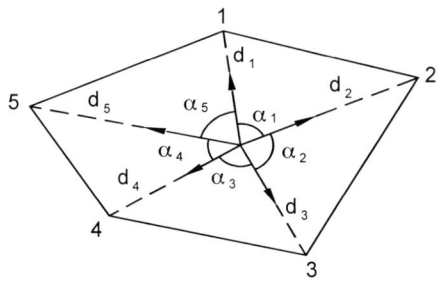

Como en cada uno de los triángulos se conocerá la longitud de dos de sus lados y el ángulo comprendido (α), se podrá calcular numéricamente la superficie total mediante la fórmula:

$$S = \frac{1}{2}(d_1 d_2 \operatorname{sen}\alpha_1 + d_2 d_3 \operatorname{sen}\alpha_2 + d_3 d_4 \operatorname{sen}\alpha_3 + ...)$$

ya que el área de un triángulo viene determinada por la mitad del producto de dos de sus lados por el seno del ángulo que forman.

Tampoco este sistema tiene comprobación. Para obtenerla, será necesario medir, además, las longitudes de los lados que constituyen el perímetro del solar. De esta forma, en cada triángulo se conocerán las longitudes de sus tres lados y uno de sus ángulos, disponiéndose entonces de datos suficientes para obtener sus áreas por dos procedimientos distintos. (En función de los tres lados, y de dos lados y un ángulo, por ejemplo).

VI.3.3. Métodos analíticos

Son aquellos que obtienen las áreas a partir de las coordenadas cartesianas de los vértices de la figura cuya superficie se pretende determinar. El método analítico más común es el de descomposición en trapecios.

Sea la figura *12345* de la que se han determinado, mediante procedimientos topográficos, las coordenadas cartesianas, X, Y, de cada uno de sus vértices. Trazando las ordenadas respectivas quedará la figura dividida en trapecios, cuyas bases serían las ordenadas de los vértices: Y_1, Y_2, Y_3, Y_4, Y_5; y las diferencias de sus abscisas las alturas respectivas. El área total podrá obtenerse por la suma y diferencia de dichos trapecios.

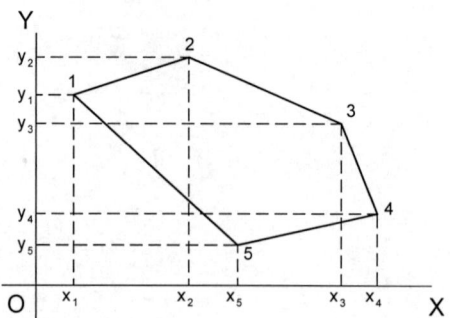

Así, una expresión del área de la figura sería:

- Trapecio $12X_2X_1$

$$\text{Bases}: Y_2, Y_1 \qquad\qquad \text{Altura} = (X_2 - X_1)$$

$$\text{Área}: \ S = (X_2 - X_1)\frac{(Y_2 + Y_1)}{2}$$

- Trapecio $23X_3X_2$

$$\text{Bases}: Y_3, Y_2 \qquad\qquad \text{Altura} = (X_3 - X_2)$$

$$\text{Área}: S = (X_3 - X_2)\frac{(Y_3 + Y_2)}{2}$$

- Trapecio $34X_4X_3$

$$\text{Bases}: Y_4, Y_3 \qquad\qquad \text{Altura} = (X_4 - X_3)$$

$$\text{Área}: S = (X_4 - X_3)\frac{(Y_4 + Y_3)}{2}$$

- Trapecio $54X_4X_5$

$$\text{Bases}: Y_5, Y_4 \qquad\qquad \text{Altura} = (X_4 - X_5)$$

$$\text{Área}: S = (X_4 - X_5)\frac{(Y_5 + Y_4)}{2}$$

- Trapecio $15X_5X_1$

$$\text{Bases}: Y_1, Y_5 \qquad\qquad \text{Altura} = (X_5 - X_1)$$

$$\text{Área}: S = (X_5 - X_1)\frac{(Y_5 + Y_1)}{2}$$

Resultando la superficie buscada:

$$S_{12345} = S_{12ba} + S_{23db} + S_{34ed} - S_{54ec} - S_{15ca}$$

También se puede determinar analíticamente la superficie de una figura cualquiera descomponiéndola en triángulos y calculando numéricamente las longitudes de sus lados a partir de las coordenadas de los vértices, mediante la fórmula:

$$lado = \sqrt{\Delta^2 X + \Delta^2 Y}$$

y la superficie de cada triángulo aplicando la fórmula:

$$S = \sqrt{p(p-a)(p-b)(p-c)}$$

VI.3.4. Métodos gráficos

Son aquellos en los que la superficie en cuestión se determina a partir de datos tomados sobre un plano de la zona objeto de la determinación.

Si las medidas se realizan sobre un plano a escala, habrá que multiplicar cada una de ellas por el denominador de la escala del mismo, para deducir las medidas homólogas del terreno.

El método gráfico más común es el de descomposición en triángulos, midiendo sobre el plano los tres lados.

Los métodos gráficos aplicados sobre un plano en soporte papel tienen importantes limitaciones en cuanto a la exactitud de sus resultados. Por un lado, la imprecisión de las medidas tomadas sobre el plano a escala se amplía al multiplicarlas por el denominador de la escala, originando un elevado grado de error en el valor de la superficie obtenida. Por otro lado, son difíciles de aplicar cuando el perímetro de la figura en cuestión tiene lados no rectos.

Empleo de procedimientos informáticos

Los problemas derivados de la aplicación de los métodos gráficos sobre soporte papel desaparecen cuando la determinación del área se realiza sobre una imagen digitalizada del plano.

En tales casos, los diversos entornos gráficos tipo Autocad ofrecen herramientas que permiten el cálculo del área de una superficie mediante dos procedimientos diferentes:

- Designando una serie de puntos que formen los vértices de la superficie a obtener, en cuyo caso el sistema calcula el área del polígono imaginario resultante de tomar todos los puntos designados como sus vértices.

- Designando sin más el objeto, círculo, polilínea o región cuya área se desea conocer.

El sistema permite, además, adicionar y sustraer áreas.

VI.3 5. Métodos mecánicos

Son aquellos que obtienen las áreas sobre un plano a escala mediante el empleo de unos aparatos denominados *Planímetros.* Su precisión es escasa, por lo que su empleo se debe limitar a casos muy concretos en los que la tolerancia en la medida de las superficies sea muy grande.

El *Planímetro* es un instrumento que permite, deslizando un índice por el contorno de una figura cerrada dibujada en un papel, obtener su área a partir de una lectura realizada en un contador. Existen diversos tipos de planímetros. El más común de todos ellos es el planímetro polar.

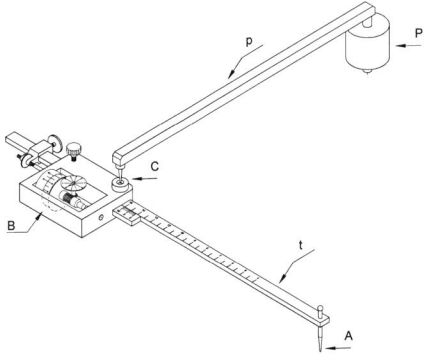

197

El instrumento consta de dos varillas, p y t, articuladas en un punto C. El extremo de la varilla p se fija en el papel mediante un pincho, constituyendo el *polo*, P, del instrumento. La varilla p, de longitud fija, recibe el nombre de *brazo polar*. A la varilla t, que es de longitud variable, se la denomina *brazo trazador*.

En uno de sus extremos, la varilla t termina en un *punzón o índice*, A, con el que se recorre el contorno de la figura cuya área se pretende hallar. Por el otro extremo termina en una caja en la que se articula el brazo polar. La caja va unida por su parte inferior a una rueda vertical, llamada *roldana* (B). Un tornillo sinfín transmite el movimiento de la roldana a un aparato contador del número de vueltas.

Colocado en posición, el instrumento apoya en el papel por tres puntos: el polo P, el extremo del punzón o índice A y el punto de tangencia de la roldana con el papel. Cuando se mueve el brazo trazador de una manera continua, la roldana, apoyada sobre el papel, gira con una cierta ley, y el aparato contador marca el número de vueltas y de fracciones de vuelta de ella.

El contador consta, en primer lugar, de un disco horizontal y móvil, A, dividido en diez partes numeradas del *0* al *9* que mediante un índice fijo indica el número de vueltas enteras que ha dado la roldana (B). A su vez, esta está dividida en diez partes numeradas del *0* al *9*, representando cada número *1/10* de vuelta. Cada una de las diez partes numeradas de la roldana está divida, a su vez, en otras diez, correspondiendo cada una de ellas a *1/100* de vuelta.

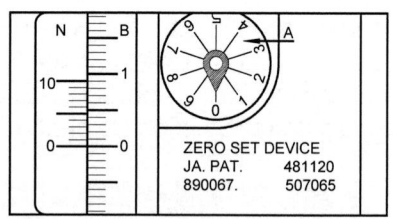

Por último, se emplea como índice el trazo del cero de la escalilla de un *nonius* decimal (N). El nonius decimal está dividido en diez partes denominadas unidades de nonius. Cada unidad de nonius representa *1/10* de la menor división de la roldana. Como la menor división de la roldana vale *1/100* de vuelta, cada unidad de nonius representará *1/1000* de vuelta, o, lo que es lo mismo, mil unidades de nonius corresponden a una vuelta completa de la roldana.

En la figura siguiente, el índice del disco horizontal A está entre el *1* y el *2*, indicando *1* vuelta completa de la roldana. El cero del nonius, que se toma como índice de la escala que está a su lado, indica *47* centésimas más de vuelta, y, finalmente, en la escalilla del nonius se leen *3* milésimas (ya que es su tercera división del la que coincide exactamente con una de la escala que está a su lado). La lectura es, por tanto, *1,473* vueltas o, lo que es lo mismo, *1473* unidades de nonius.

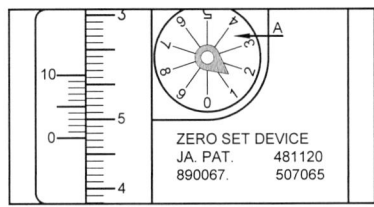

Si durante el giro del disco el índice hubiera pasado por el *0*, deberá leerse *11* en lugar de *1*. Si el índice hubiese pasado dos veces por el *0*, la lectura que deberá tomarse será *21*.

Uso del planímetro

El uso del aparato es muy sencillo. Se fija el pincho del polo en un punto del plano en el que está dibujada la figura cuya superficie se quiere determinar. Se pone a cero el contador, se obliga al índice del brazo trazador a recorrer el perímetro de la figura a partir de un punto cualquiera del mismo, hasta terminar nuevamente en él, y se hace una lectura en el contador, expresándola en unidades de nonius. La superficie real de la figura planimetrada se obtentrá multiplicando dicha lectura, por la superficie correspondiente a una unidad de nonius.

Superficie correspondiente a un unidad de nonius

La superficie real correspondiente a la unidad de nonius de un planímetro *es un valor variable* que depende de la longitud del brazo trazador (recuérdese que esta es variable) y de la escala a la que está dibujada la figura cuya superficie se quiere calcular. Antes de utilizar el instrumento es necesario determinar su valor en cada caso.

El valor de la unidad de nonius se establece planimetrando una figura geométrica de superficie real conocida, normalmente un círculo o un cuadrado, que se dibuja a la misma escala que el plano sobre el que se va a trabajar. El cociente entre la superficie conocida de dicha figura y el número de unidades de nonius obtenidas en su planimetración, dará el valor de la unidad de nonius.

<u>Ejemplo</u>

Para determinar el valor de una unidad de nonius en la planimetración de un solar que figura en un plano a escala *1/1000*, se ha dibujado un cuadrado de *10* cm de lado. A continuación se ha planimetrado dicho cuadrado, obteniéndose una lectura en el contador de *1060* unidades de nonius. ¿Cuál es el valor de la unidad de nonius del planímetro utilizado?

<u>Solución:</u>

A la escala del plano del solar, al cuadrado dibujado le corresponde una superficie real de:

$$S = (0,10 \times 1000)^2 = 10.000 \, m^2$$

Por consiguiente:

$$1 \text{ unidad de nonius} = \frac{10000 \, \text{m}^2}{1060} = 9,434 \, \text{m}^2$$

VII. REPLANTEOS Y TRAZADOS

VII.1. REPLANTEO TOPOGRÁFICO

VII.1.1. Concepto de replanteo

Antes de iniciar la ejecución de una obra es necesario trasladar al terreno lo que el proyectista ha dibujado en los planos. La materialización de forma adecuada e inequívoca en el terreno de los puntos básicos que definen un proyecto constituye el replanteo.

El replanteo topográfico se hace siempre por puntos, situando cada punto sobre el terreno de forma individual, independientemente del resto. Cuando lo que se pretenda trasladar del plano al terreno sea un elemento no puntual, la planta de un edificio a construir, por ejemplo, será necesario descomponerlo en un número adecuado de puntos que lo definan geométricamente, replantear estos sobre el terreno de forma independiente y unirlos posteriormente en el orden adecuado.

Para llevar a cabo el replanteo de un punto, es necesario disponer sobre el terreno de *elementos en los que apoyarse,* y conocer *unos datos de campo* que sean suficientes para que el punto en cuestión quede definido de forma inequívoca en una solución única. Los datos de campo variarán en función del método elegido para el replanteo

VII.1.2. Métodos planimétricos de replanteo

En las condiciones descritas, un punto de un proyecto se podrá situar en el terreno mediante los siguientes métodos:

Por abscisas y ordenadas sobre una recta

Tomando una alineación recta del terreno como eje de abscisas y un punto de ella como origen de estas.

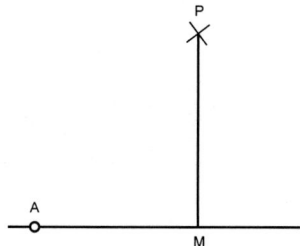

Supuesta una recta y el origen de abscisas situado en el punto A de la misma, los datos necesarios para replantear un punto P serán las longitudes AM (*abscisa*) y MP (*ordenada*).

Una vez determinadas las longitudes AM y MP, que son los datos de replanteo, para replantear el punto P, bastará medir a partir del punto A, sobre la recta de referencia, la longitud correspondiente a la *abscisa AM*. Esta medida determinará el punto M. Luego se trazará en M una perpendicular a la recta de referencia y sobre dicha perpendicular se medirá la ordenada MP[14].

---

[14] En el capítulo siguiente, "Trazados geométricos", se describe detalladamente la forma de trazar sobre el terreno líneas y ángulos.

Por abscisas y ordenadas sobre una retícula ortogonal

Es una variante del anterior muy usada en construcción. Para su aplicación es necesario la existencia previa sobre el terreno de un sistema de malla cuadriculada.

Para replantear un punto, bastará trasladarse a la cuadrícula correspondiente y situarlo en su interior por abscisas y ordenadas.

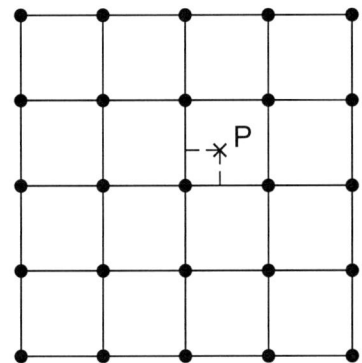

Por coordenadas polares

Tomando una alineación recta del terreno como origen de ángulos y un punto de ella como polo (vértice de los ángulos y origen de las distancias).

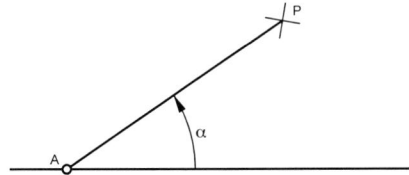

Supuesto el polo en A, los datos necesarios para replantear un punto P serán el ángulo α y la distancia AP.

Una vez calculados los datos α y AP, se estará en condiciones de ejecutar el replanteo. Se podrá hacer con taquímetro y cinta métrica o estación total y prisma. Ocasionalmente se podrá utilizar un Nivel topográfico si está provisto de círculo horizontal. La operación de campo será la siguiente: se estacionará el instrumento en el punto A y se visará a un punto situado en la alineación de referencia. Luego se marcará el ángulo α en la dirección adecuada. Finalmente, se medirá la distancia AP sobre la alineación que defina el eje de colimación del instrumento.

Por intersección angular

Tomando dos puntos de una recta como vértices de dos ángulos que tengan su origen en dicha recta.

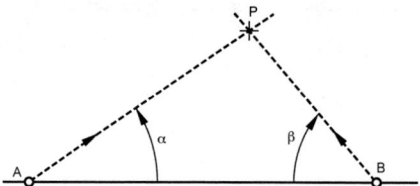

Supuestos A y B dos puntos de una recta del terreno y P el punto que se quiere replantear, los datos necesarios para el replanteo serán los ángulos α y β que forman las visuales dirigidas desde A y B al punto P.

Conocidos los ángulos α y β, el procedimiento de campo será el siguiente: se estacionarán sendos instrumentos en A y en B. El estacionado en A tomará como referencia el punto B y trazará en el sentido adecuado el ángulo α, con ello materializará la dirección AP. El estacionado en B tomará como referencia el punto A y trazará en el sentido adecuado el ángulo β, materializando así la dirección BP. La intersección de las dos visuales determinará la posición del punto P.

Por trilateración

A partir de las distancias a dos puntos fijos. Supuestos A y B dos puntos fijos del terreno y P el punto que se quiere replantear, los datos necesarios para el replanteo serán las distancias AP y BP.

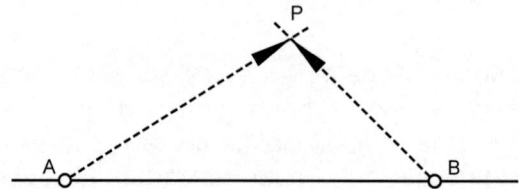

Conocidas las distancias AP y BP, la posición de P quedará establecida construyendo el triángulo ABP a partir de los extremos de la base AB.

VII.1.3. Tipos de replanteo

Atendiendo a la forma en que se obtienen los datos de campo necesarios para los replanteos, estos suelen clasificase en dos tipos: *gráficos* y *analíticos*.

Se denominan gráficos los replanteos cuyos datos de campo se obtienen *gráficamente*, tomando medidas directamente sobre el plano del proyecto. Replanteo analítico es aquel cuyos datos se obtienen *numéricamente*, mediante el cálculo a partir de las coordenadas cartesianas de los elementos de apoyo y de los puntos a replantear.

VII.1.4. Obtención gráfica de los datos de replanteo

Una de las formas de obtener los datos de un replanteo es tomando medidas directamente sobre el plano del proyecto. Para poder obtener los datos gráficamente es necesario que en el plano donde se van a tomar las medidas aparezcan representados los elementos del terreno en los que se va a apoyar el replanteo.

Ejemplo

Hay que replantear la planta de un edificio. En el mismo plano aparecen también dibujados dos mojones (puntos *1* y *2*) existentes en el terreno. El replanteo se va a hacer mediante el método de coordenadas polares, tomando como origen de ángulos la recta definida por los dos mojones y situando el polo (vértice de los ángulos y origen de distancias) en el mojón *1*. Para el replanteo se dispone de una estación total con prisma reflector.

Obtención de los datos

En este caso los puntos básicos a replantear son las esquinas del edificio. Los datos que hay que obtener son: las longitudes de las rectas que unen el mojón *1* con cada una de las esquinas y los ángulos que forman dichas rectas con la definida por los mojones *1* y *2*.

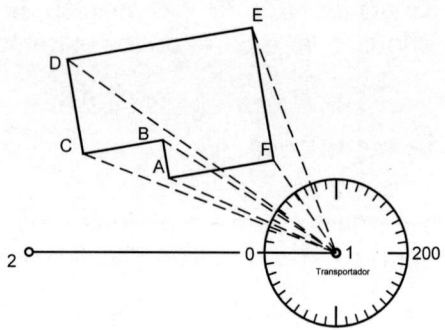

La forma más rápida y precisa de obtener los datos es a través de un programa vectorial de dibujo asistido tipo Autocad o similar, siempre que se tenga el proyecto dibujado en el mismo programa.

Si el plano del proyecto estuviese dibujado en soporte papel, se podrá digitalizar y abrirlo posteriormente con un programa de dibujo asistido para proceder a la toma de datos mediante las herramientas propias del sistema.

La forma más elemental e imprecisa de obtener los datos es medirlos con transportador y regla sobre el plano en soporte papel. Para medir los ángulos, se centra el transportador en el punto *1*, y se sitúa de forma que su graduación *0* coincida con la recta *1-2*. Las longitudes se medirán con una escalilla, multiplicándolas posteriormente por el denominador de la escala del plano para obtenerlas en verdadera magnitud.

Operación de campo

Se situará el instrumento en estación sobre el mojón *1,* que es el punto que se ha elegido como vértice de ángulos y origen de distancias[15], y se manipulará el instrumento de forma que la lectura horizontal *cero* corresponda a la visual dirigida al mojón *2.*

A partir de aquí, para situar sobre el terreno los puntos a replantear, bastará con ir girando la alidada con el movimiento particular hasta que la lectura horizontal sea igual al valor del ángulo correspondiente al punto

---

[15] Punto que se denomina: *polo* en el sistema polar de referencia.

que se quiere replantear, y medir la distancia reducida correspondiente sobre la alineación que materialice el eje de colimación del aparato.

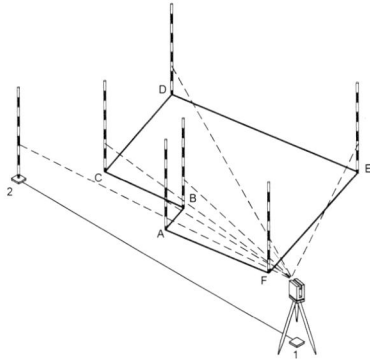

Un replanteo efectuado por el sistema descrito carece de comprobación. Para comprobar que la planta que se ha obtenido es la que realmente se quería replantear, habrá que medir las distancias entre los puntos replanteados y verificar que coinciden con las que figuran en el proyecto.

VII.1.5. Obtención numérica de los datos de replanteo

Para poder obtener numéricamente los datos de replanteo, es necesario conocer las coordenadas X, Y de los puntos a replantear y de un mínimo de dos puntos del terreno en los que apoyar el replanteo[16], teniendo que estar todas ellas referidas a un único sistema general de referencia.

Las coordenadas de los puntos a replantear se pueden obtener fácilmente mediante un programa de dibujo asistido tipo Autocad o similar, siempre que el proyecto esté digitalizado. Las coordenadas de los puntos de apoyo se obtienen en campo mediante el oportuno levantamiento topográfico.

Cumplidos los requisitos anteriores, los datos de campo necesarios para el replanteo se obtienen con carácter general mediante cálculo a partir de dichas coordenadas y de acuerdo con el método de replanteo que se vaya a emplear. Si el replanteo se va a ejecutar por el método de polares, los

---

[16] Estos puntos se denominan: *vértices de replanteo*. Denominándose *base de replanteo*, a la recta definida por dos vértices.

datos de campo se podrán obtener mediante un programa topográfico de replanteo.

Cálculo numérico

Los procedimientos de cálculo se indican mediante el ejemplo siguiente:

Se quiere replantear un punto P de coordenadas generales:

$$X_P = 420; \qquad Y_P = 270$$

Para el replanteo se dispone sobre el terreno de una base formada por dos vértices, A y B, cuyas coordenadas generales referidas al mismo sistema de referencia son:

$$X_A = 360; \qquad Y_A = 250$$
$$X_B = 440; \qquad Y_B = 220$$

Calcular numéricamente los datos necesarios para replantear el punto P por los métodos descritos.

Solución

Antes de iniciar los cálculos, es buena práctica dibujar a mano alzada un croquis con la posición relativa de los puntos que van a intervenir en el replanteo.

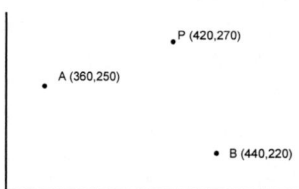

Cálculo de los datos para el replanteo por bisección. Los datos necesarios son los ángulos α y β. Estos ángulos se pueden obtener por diferencia de los acimutes calculados a partir de las coordenadas dadas.

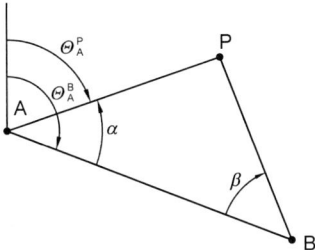

$$\alpha = \theta_A^B - \theta_A^P \; ; \qquad\qquad \beta = \theta_B^P - \theta_B^A$$

Siendo:

$$\theta_A^B = 200 - \text{arc tag} \frac{\Delta x_{A-B}}{\Delta y_{A-B}} = 122{,}84 \text{ gon}$$

$$\theta_B^A = 322{,}84 \text{ gon}$$

$$\theta_A^P = \text{arc tag} \frac{\Delta x_{A-P}}{\Delta y_{A-P}} = 79{,}51645 \text{ gon}$$

$$\theta_B^P = 400 - arc\,tag\, \frac{\Delta x_{B-P}}{\Delta y_{B-P}} = 375{,}7763 \text{ gon}$$

Por lo tanto:
$$\alpha = 43{,}3235 \text{ gon.}$$
$$\beta = 52{,}9363 \text{ gon.}$$

Cálculo de los datos para el replanteo por polares. Se pueden dar dos casos según que el polo se sitúe en uno u otro extremo de la base.

Primer caso. Polo en A.- Los datos necesarios son el ángulo α y la distancia AP.

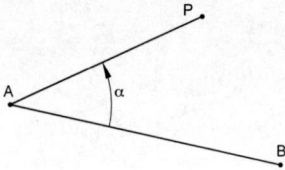

El ángulo se obtiene por diferencia de acimutes, según el procedimiento ya descrito en el método anterior. La longitud AP se obtiene a partir de las coordenadas de sus extremos mediante el teorema de Pitágoras:

$$\alpha = \theta_A^B - \theta_A^P = 43,3235 \text{ gon.}$$

$$AP = \sqrt{(\Delta x_{A-P})^2 + (\Delta y_{A-P})^2} = 63,24 \text{ m}$$

Segundo caso. Polo en B.- Los datos necesarios son el ángulo β y la longitud BP. Se obtienen de la misma forma que en el caso anterior.

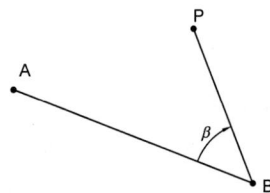

$$\beta = \theta_B^P - \theta_B^A = 52,9363 \text{ gon.}$$

$$BP = \sqrt{(\Delta x_{B-P})^2 + (\Delta y_{B-P})^2} = 53,852 \text{ m}$$

Cálculo de los datos para el replanteo por trilateración.- Los datos necesarios son las longitudes AP y BP. Se obtienen a partir de las coordenadas de los puntos A, B y P:

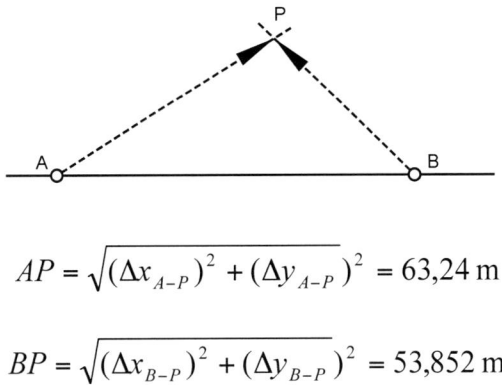

$$AP = \sqrt{(\Delta x_{A-P})^2 + (\Delta y_{A-P})^2} = 63{,}24 \text{ m}$$

$$BP = \sqrt{(\Delta x_{B-P})^2 + (\Delta y_{B-P})^2} = 53{,}852 \text{ m}$$

Cálculo de los datos para el replanteo por abscisas y ordenadas sobre una recta. El origen de abscisas podrá situarse, indistintamente, en el punto A o en el B.

Primer caso. Origen de abscisas en A.- Los datos necesarios son las longitudes AM y MP.

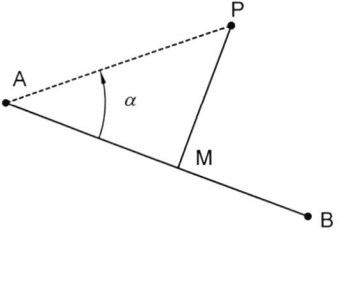

$$AM = AP \cdot \cos\alpha = 49{,}150 \text{ m}$$

$$MP = AP \cdot \operatorname{sen}\alpha = 39{,}794 \text{ m}$$

Segundo caso. Origen de abscisas en B.- Los datos necesarios son las longitudes BM y MP.

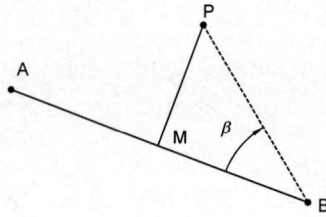

$$BM = BP \cdot \cos\beta = 36,28\ 3m$$

$$MP = BP \cdot sen\beta = 39,794\ m$$

<u>**Programas topográficos de replanteo**</u>

Estos programas encuentran su principal aplicación en los casos de replanteo por polares. La mayoría de las estaciones totales incluyen este tipo de programas en su *software.*

Para poder ejecutar los programas topográficos de replanteo, es necesario disponer previamente de dos ficheros. En uno de ellos deben figurar el número identificativo y las coordenadas de cada uno de los puntos que se quiere replantear. En el otro, el número y las coordenadas de los puntos de apoyo del replanteo (vértices de replanteo).

Cumplidos los requisitos expuestos, la aplicación del programa es sencilla. Una vez que el operador ha elegido los puntos de estación y de referencia, y el punto a replantear, el programa, mediante una serie de pantallas sucesivas, pregunta los números de dichos puntos, que se tienen que ir introduciendo a través del teclado, e indica finalmente el ángulo y la distancia adecuados para el replanteo del punto.

VII.1.6. Reposición de puntos

Las señales con las que se han marcado los puntos de replanteo suelen desaparecer en cuanto se inician los primeros movimientos de tierras. Ello hace necesario irlas reponiendo de forma sistemática durante las distintas fases de construcción de la obra, para que puedan servir de guía al constructor y permitan a los técnicos la comprobación del trabajo en todas sus etapas, con el fin de confirmar que la obra se ajusta a todas las especificaciones del proyecto.

Las operaciones conducentes a la reposición de los puntos del replanteo varían dependiendo de las características de las referencias que se han empleado para el replanteo inicial.

Cuando el replanteo inicial se ha realizado a partir de referencias externas, la reposición de los puntos no presenta, en principio, ninguna dificultad añadida. La reposición de un punto en concreto se podrá hacer a partir de las mismas referencias y empleando los mismos datos que se utilizaron para el replanteo inicial. Ello exige, evidentemente, la conservación de las referencias externas durante todo el periodo de ejecución de la obra.

La reposición de los puntos se complica cuando no es posible conservar las referencias externas empleadas en el primer replanteo. En estos casos, para poder reponer un punto es necesario tenerlo referenciado con anterioridad al inicio de los trabajos, mediante puntos auxiliares situados fuera del ámbito de la obra.

Referenciado de puntos

En el caso de viales y obras lineales, los puntos que se suelen referenciar son los vértices de las alineaciones rectas y los puntos de los ejes pertenecientes al perfil longitudinal.

Los vértices se suelen referenciar mediante dos alineaciones rectas AA' y BB', concurrentes. Estas alineaciones se señalan en el terreno mediante la imposición de unas señales, *1, 2, 3, 4* y *5, 6, 7, 8,* que se deben situar fuera del campo de acción de la obra.

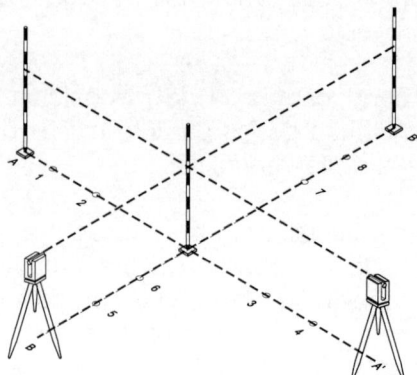

Para reponer con posterioridad un vértice, bastará con determinar el punto de intersección de las alineaciones auxiliares.

Los puntos de los ejes longitudinales se suelen referenciar trazando por ellos rectas sensiblemente perpendiculares al eje, materializando cada una de dichas rectas mediante dos puntos auxiliares situadas fuera del campo de acción de los trabajos, y midiendo la distancia de dichos puntos auxiliares al punto que se quiere referenciar.

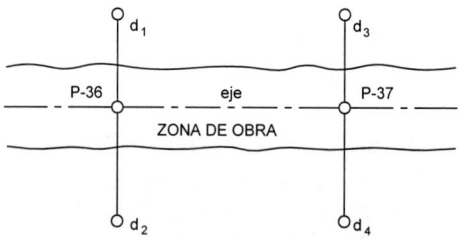

Para reponer un punto del eje, bastará con materializar la alineación transversal, tendiendo una cuerda de albañil entre los dos puntos auxiliares y llevar sobre ella las longitudes correspondientes a las distancias de cada uno de ellos al punto del eje.

En obras de edificios, las referencias auxiliares externas suelen estar constituidas por las denominadas *camillas,* o puentes, consistentes en una serie de estacas verticales unidas mediante travesaños horizontales.

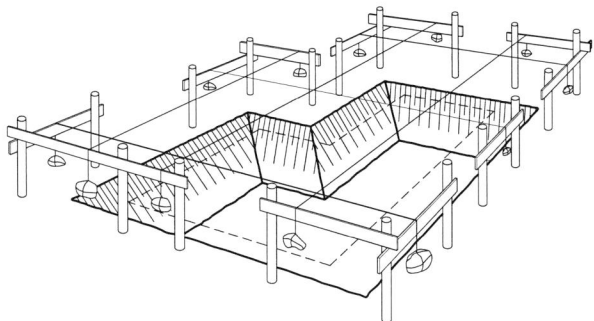

Se sitúan, normalmente, formando un marco en el que se tienden unos hilos que definirán, con suficiente precisión, las líneas y los puntos necesarios para guiar a los operarios en sus actividades.

Una plomada, sostenida en la intersección de dos hilos atados a las camillas, servirá para establecer de nuevo una esquina de la estructura o cualquier otro elemento.

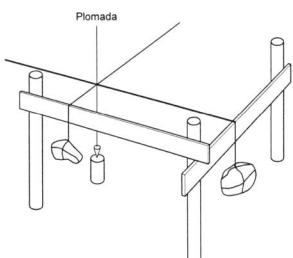

Las camillas suelen colocarse unos 30 o 40 cm por encima de la rasante de cimentación o, en su caso, del piso terminado. Los travesaños se ponen horizontales con la ayuda de un Nivel topográfico u otro instrumento adecuado. Es conveniente que todos queden a la misma cota. De esta forma se tendrá un plano horizontal de referencia que cubre toda la obra.

VII.2. TRAZADOS GEOMÉTRICOS

VII.2.1. Consideraciones generales

Para completar el replanteo de un proyecto, o realizar cierto tipo de operaciones en la obra, será necesario delinear sobre el terreno figuras geométricas elementales, rectas, ángulos y arcos circulares cuyo desarrollo pasa, normalmente, por la resolución de sencillos problemas de Geometría plana. Estas operaciones se suelen denominar *trazados.*

Al realizar un trazado, deberá tenerse en cuenta que si el diseño que se pretende realizar está referido al plano horizontal, las distancias y ángulos que se midan sobre el terreno deberán ser horizontales.

VII.2.2. Trazado de líneas rectas

En la primera parte de este libro se ha indicado un procedimiento elemental para el trazado de líneas rectas mediante jalones. Ahora se desarrollará un procedimiento más preciso basado en el empleo del taquímetro.

Consiste el método en estacionar un taquímetro en uno de los extremos de la alineación y colimar a un jalón colocado en el otro extremo. Para situar un punto intermedio, B, el operador deberá bascular convenientemente el anteojo, sin mover la alidada, e indicar al ayudante la situación a derecha o izquierda hasta que vea al nuevo jalón, B, coincidiendo con el hilo vertical de la cruz filar, en cuyo momento dicho jalón estará situado en la alineación. El procedimiento se irá repitiendo hasta que haya una serie de puntos intermedios que permitan materializar la alineación tendiendo entre ellos un cordel de albañil.

VII.2.3. Trazado de ángulos

La manera más rápida, sencilla y precisa de trazar un ángulo cualquiera es empleando un taquímetro.

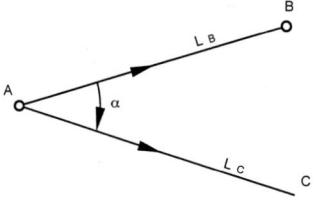

Sea AB una alineación recta materializada convenientemente en el terreno. Para obtener una alineación AC que, con vértice en A, forme con la primera un ángulo α dado, se procederá del siguiente modo:

Se estacionará el taquímetro en el punto A, vértice del ángulo a trazar y se colimará a un punto cualquiera de la alineación AB, el B por ejemplo, anotando la lectura acimutal correspondiente, L_A^B.

Según el caso, el ángulo α habrá que trazarlo a la derecha o a la izquierda de la alineación original AB. Si el ángulo se tuviera que trazar hacia la derecha de la alineación original, a la lectura acimutal L_A^B se le sumará el valor del ángulo a trazar, obteniéndose una nueva lectura acimutal, L_A^C, tal que:

$$L_A^C = L_A^B + \alpha$$

Si el ángulo se tuviese que trazar hacia la izquierda de la alineación original, la nueva lectura acimutal L_A^C se obtendría restando a la primera el valor del ángulo a trazar:

$$L_A^C = L_A^B - \alpha$$

Luego, en cualquier caso, se girará la alidada, empleando el movimiento particular del taquímetro, hasta conseguir que el índice acimutal señale la lectura L_A^C, en cuyo momento el eje de colimación estará señalando la dirección AC, que forma con la AB el ángulo α objeto del problema. Solo restará materializar la alineación AC mediante una estaca o similar.

Trazados expeditos

Trazado de ángulos rectos con escuadras de refracción de prismas.- Las escuadras de reflexión son unos instrumentos ópticos de muy reducidas dimensiones, unos cinco centímetros. Consisten en un pequeño prisma pentagonal en el que dos caras forman un ángulo de 45° y otras dos uno de 90°. El prisma va encerrado en un contenedor metálico que deja al descubierto las caras que forman el ángulo de 90°. Dispone, además, de un mango donde colgar una plomada.

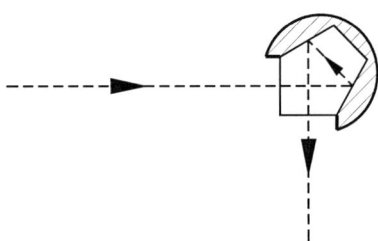

El diseño de sus caras, basado en el principio de la doble reflexión, consigue que un rayo que incida en la escuadra por una de las caras descubiertas salga por la otra formando con el rayo incidente un ángulo recto.

El empleo de la escuadra es muy simple: sea AB una alineación y B un punto de ella por el que se pretende trazar un ángulo recto a AB.

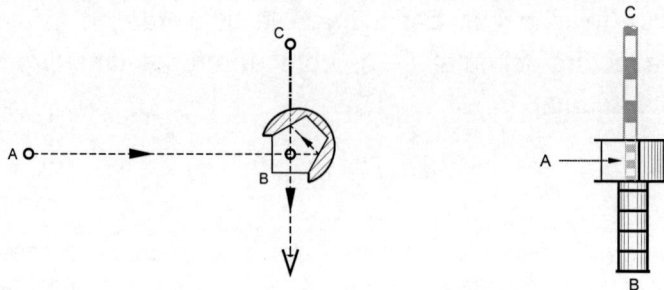

Se clavará un jalón en el punto A. La escuadra se situará en B, sostenida con una mano, sin necesidad de soporte, de modo que la plomada que pende del mango esté centrada sobre la señal del punto en el suelo, una de las ventanas esté frente al operador y la otra en la dirección del jalón A, y se hará girar hasta que el operador vea en la ventana la imagen del jalón A. Sin mover la escuadra, hará que un auxiliar desplace un segundo jalón, C, hasta que, mirando por encima de la escuadra, vea dicho jalón en la prolongación de la imagen de A dada por el prisma, en cuyo momento la alineación BC formará con la AB un ángulo recto.

Trazado de ángulos rectos con escuadra de madera.- Un procedimiento expedito utilizado con frecuencia en las obras para trazar ángulos rectos, y que da muy buenos resultados en cuanto se usa con un cierto cuidado, es la escuadra de carpintero o de madera.

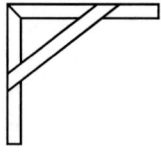

Esta escuadra, representada en la figura, se puede fabricar fácilmente con tres piezas de madera. Sus lados suelen tener una longitud de 1,5 metros aproximadamente, y es recomendable verificar frecuentemente su ángulo recto y observar las aristas de la escuadra para comprobar su exactitud.

Su empleo es sencillo: la alineación original se materializará mediante un hilo tenso en el que se apoyará uno de los lados de la escuadra, colocando el vértice de la misma en el punto por donde se quiere trazar el ángulo recto. Otro hilo tenso, tangente al otro lado de la escuadra, materializará la alineación que forme con la primera el ángulo recto deseado.

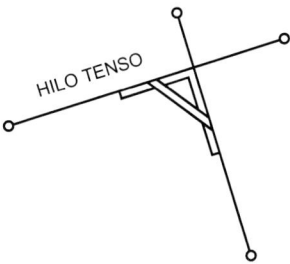

La principal precaución que hay que tomar al trazar ángulos rectos con la escuadra de carpintero es que los hilos con los que se materializan las alineaciones sean realmente tangentes a los lados de la escuadra en todo su recorrido. Obviamente, cuanto mayor sea la longitud de los lados de la escuadra, mayor precisión se obtendrá en el trazado de la perpendicular.

Trazado de ángulos rectos con la cinta métrica.- También se puede trazar un ángulo recto por medio del llamado: *principio 3-4-5,* mediante el empleo de una cinta métrica, que es sostenida por tres personas.

El método, basado en el *teorema de Pitágoras,* consiste en construir con la cinta una escuadra con los catetos de 3 y 4 metros y la hipotenusa de 5 metros. En la figura se indica cómo se hace para trazar por un punto *A* un ángulo recto con la alineación *AB*.

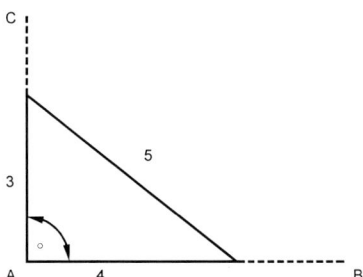

Trazado de ángulos rectos con una cuerda.- Es el clásico de la geometría, sustituyendo sobre el terreno el compás por una cuerda. Sea la alineación *AB*, y *C* un punto de la misma por el que se quiere trazar un ángulo recto.

Con centro en *C* y radio arbitrario, y mediante el empleo de la cuerda se determinarán a ambos lados de *C* dos puntos de la alineación, *D* y *E*. Luego, con centros en *D* y *E* y un radio mayor que *CD*, se trazarán dos arcos con la ayuda de la cuerda. La intersección de los dos arcos dará el punto *F*. La alineación *CF* formará ángulo recto con *AB*.

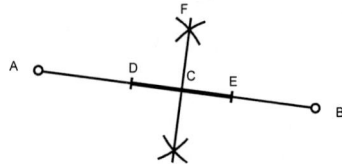

Trazado trigonométrico de un ángulo cualquiera.- Sea una alineación *AB*, y *C* un punto de ella sobre el que se pretende levantar un ángulo α cualquiera. Para obtenerlo, se operará del modo siguiente:

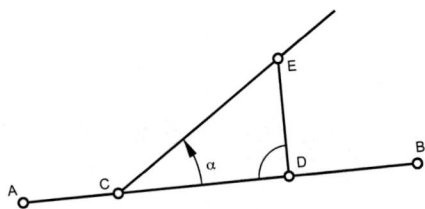

A partir del punto *C*, y se medirá en la alineación *AB* una longitud arbitraria *l*, obteniéndose un punto auxiliar *D*. En *D* se trazará una perpendicular a *AB* y sobre ella se medirá una distancia *DE*, tal que:

$$DE = l \cdot \tan \alpha$$

Finalmente, uniendo los puntos *C* y *E* se obtendrá una alineación que, con vértice en *C*, forme con *AB* el ángulo α dado.

VII.2.4. Trazado de perpendiculares

En general, para obtener una perpendicular a una alineación dada por un punto dado de la misma, bastará con trazar un ángulo recto con vértice en dicho punto y uno de sus lados apoyado en la alineación dada. La operación se complica cuando el punto por el que se quiere trazar la perpendicular es exterior a la alineación dada.

Trazar una perpendicular a una alineación dada por un punto dado exterior a la misma

El procedimiento a aplicar en cada caso varía dependiendo de las circunstancias del trazado y del instrumental de que se disponga para el mismo.

Trazado con taquímetro.- Sea AB una alineación dada y P un punto exterior por el que se quiere bajar una perpendicular a AB. Se estacionará el taquímetro en un punto cualquiera, C, de la alineación AB y se medirá el ángulo que forma dicha alineación con la visual CP dirigida al punto P. Sea α este ángulo:

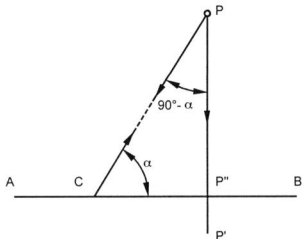

Luego, estacionando el taquímetro en P y colimando al punto C, bastará trazar, con origen en la recta PC, un ángulo auxiliar β, tal que: $\beta = 90 - \alpha$, para que quede materializada la alineación PP', perpendicular a la AB. El punto P'', pie de la perpendicular bajada desde P, vendrá determinado por la intersección de las alineaciones AB y PP'.

Si además de taquímetro se dispone de cinta, la solución del problema es más sencilla, ya que una vez medidos el ángulo α y la longitud PC, para fijar el punto P'', pie de la perpendicular, bastará medir sobre la alineación AB una distancia CP'' tal que:

223

$$CP^{"} = CP \cdot \cos\alpha$$

Trazado con cuerda y cinta métrica.- Para ello, bastará con trazar con centro en el punto P y radio arbitrario, un arco que corte a la alineación AB en dos puntos. Sean estos A' y B'. El punto P', pie de la perpendicular buscada, se encontrará en el punto medio del segmento A'B'.

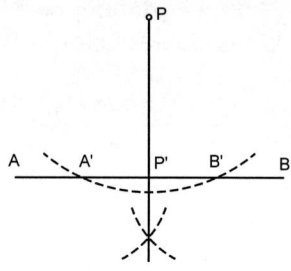

VII.2.5. Trazado de paralelas

Sea AB una alineación a la que se quiere trazar una paralela a una distancia dada, d. Para ello, en dos puntos cualquiera de la alineación AB se levantarán dos perpendiculares. Midiendo sobre dichas perpendiculares la magnitud d, se obtendrán dos puntos A' y B', respectivamente, que unidos determinarán la paralela pedida.

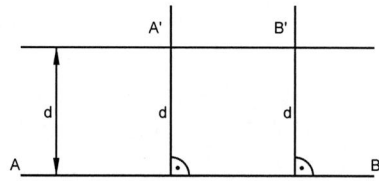

Trazar una paralela a una alineación por un punto dado exterior a ella.- Sea AB la alineación y P el punto dado exterior desde el que se quiere trazar la paralela a AB.

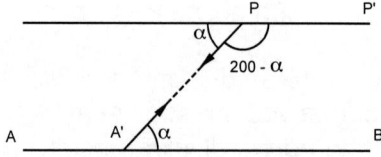

224

Se estacionará un taquímetro en un punto cualquiera, A', de la alineación recta y visando a P, medirá el ángulo α que forma dicha visual con la alineación AB. A continuación se estacionará en P y con origen en la recta PA se trazará un ángulo $\beta = 200 - \alpha$. Tras lo cual, el eje de colimación del taquímetro materializará la semirrecta PP', que resuelve el problema.

El trazado que se ha descrito carece de comprobación. Para realizarla, será necesario emplear además una cinta y operar de la siguiente manera:

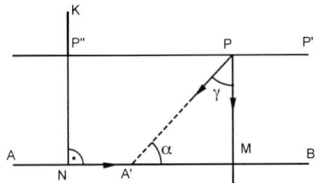

Al estacionar el taquímetro en P, además de trazar el ángulo β, que da, según se ha visto, la dirección de la paralela PP', se trazará un segundo ángulo $\gamma = 100 - \alpha$, que dará la dirección de la perpendicular bajada a la recta AB desde el punto P. Si M es el punto de intersección de dicha perpendicular con la alineación AB; PM será la distancia del punto P a la recta AB y se debe medir con la cinta.

Ahora solo resta estacionar el taquímetro en otro punto de la alineación AB, el N por ejemplo y trazar en él un ángulo recto con origen en AB. Al hacerlo, quedará trazada la recta NK, siendo P'' el punto de intersección de esta recta con PP'. La comprobación es inmediata, si las paralelas están bien trazadas, se debe verificar que: $P''N = PM$ y que el ángulo $PP''N = 100$ gon.

VII.3. TRAZADO DE CURVAS CIRCULARES

VII.3.1. Tipos de curvas circulares

En la planta de un proyecto se pueden emplear dos tipos de curvas circulares: curvas simples de centro único y curvas compuestas de varios centros. En este apartado se tratará únicamente sobre el trazado de las curvas circulares simples, de centro único, configuradas por un solo arco de circunferencia.

Para su trazado, una curva circular simple puede estar encajada entre dos alineaciones rectas concurrentes, tangente a ambas, el caso más común es el de la curva de enlace entre dos tramos rectos de la planta de un camino; o circunscrita a una alineación recta, caso de ciertos elementos curvos en la planta de un edificio.

VII.3.2. Parámetros que definen un arco circular

Los datos necesarios para definir geométricamente un determinado arco circular se obtienen siempre del proyecto. Dependiendo del tipo de arco a trazar, estos deben ser:

Caso de arcos de enlace

Geométricamente, un arco de enlace simple es el encajado entre dos alineaciones rectas concurrentes, tangente a ambas. Los datos necesarios para definirlo son:

- El *ángulo* (Ω) que forman en el vértice las dos alineaciones concurrentes.

- El *radio* (R) de curvatura del arco.

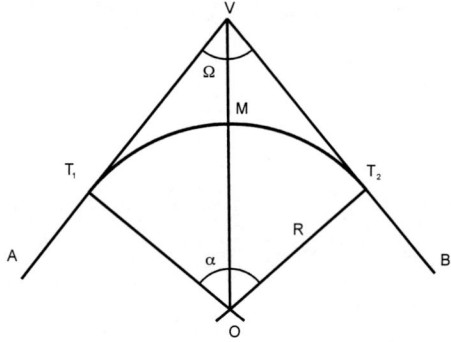

Caso de otros arcos

También, en ciertos casos, se podrá definir geométricamente un arco mediante parámetros tales como:

- El radio (R) de curvatura del arco.

- La longitud (AB) de la cuerda correspondiente al arco.

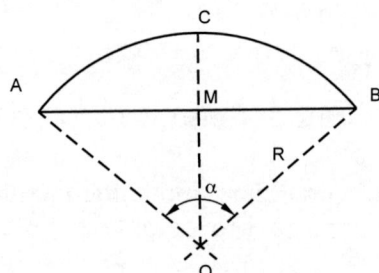

VII.3.3. Trazado de arcos definidos por ángulo y radio

Además de los dos parámetros que definen geométricamente el arco, que deben ser conocidos de antemano, para realizar el trazado es necesario conocer también *la longitud de las tangentes (TV)*.

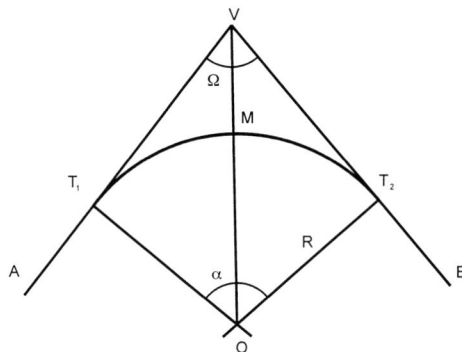

La longitud TV se calculará a partir de los datos de partida mediante la expresión:

$$T_1V = T_2V = R \, \mathrm{tag}\frac{\alpha}{2}$$

siendo α el ángulo central del arco y suplementario, por tanto, del Ω que forman las alineaciones.

$$\alpha = 200 - \Omega$$

Otros valores que a veces interesa conocer son: longitud de la curva, distancia del vértice al punto central del arco, etc. Estos valores, sin ser indispensables para el trazado, complementan las características geométricas de trazado. Todos ellos se pueden obtener fácilmente mediante expresiones deducidas de la geometría de la figura.

Colocación de los puntos de tangencia sobre el terreno

Es un paso previo a realizar antes de iniciar el trazado del arco. Consiste en situar y señalar sobre cada una de las alineaciones concurrentes los respectivos puntos de tangencia T_1 y T_2. Se ubicarán midiendo a partir de *V*, sobre las alineaciones, *VA* y *VB*, una longitud igual a *VT*.

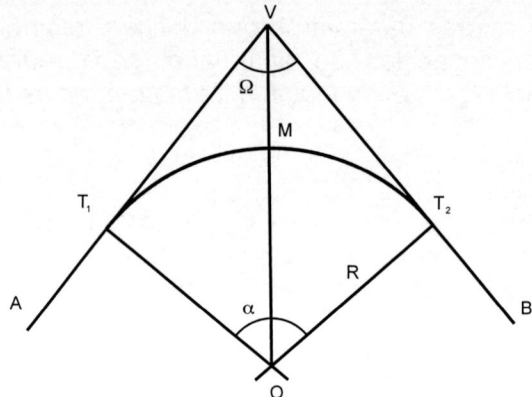

Una vez situados y señalizados sobre el terreno los puntos de tangencia, ya se puede proceder al trazado del arco. Este se puede hacer de dos formas: *continuo* o *por puntos.*

Trazado continuo

Es el sistema más elemental de trazar un arco de curva circular. Consiste en hacerlo desde su centro, mediante una cinta o cordel.

El método operativo es bien sencillo: trazando ángulos rectos desde los puntos de tangencia se sitúa el centro de la circunferencia (*O*) y se fija en él el extremo de una cuerda cuya longitud sea igual al radio. Puesta en tensión la cuerda por medio de un punzón situado en el otro extremo, se procederá a marcar en el suelo la figura del arco.

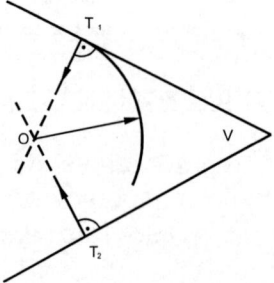

Este procedimiento, aunque sencillo de usar, tiene el inconveniente de que cuando el radio excede de cierta longitud surgen dificultades para su aplicación, pues casi siempre hay obstáculos, árboles, edificios, bancales, etc., que estorben el trabajo. Además, este sistema tiene el serio inconveniente de que al error propio del trazado del arco se le añade el error de situación del centro. Por todo ello, este sistema se emplea solo para arcos de radio pequeño, empleándose habitualmente el trazado por puntos.

Trazado por puntos

Consiste en situar sobre el terreno de forma aislada un número limitado de puntos que geométricamente pertenezcan al arco y luego unirlos consecutivamente mediante rectas. Los puntos aislados se sitúan, normalmente, tomando medidas a partir de los puntos de tangencia.

El trazado por puntos hace necesario situar estos de forma que la magnitud de la cuerda entre dos consecutivos pueda considerarse igual al arco sustentado, pues en caso contrario, una vez situados todos los puntos del trazado, al unirlos entre sí mediante rectas, se obtendría una línea quebrada y no un arco circular, que es lo que se busca. La práctica indica que para que el trazado sea correcto, los puntos se deben situar de forma que el ángulo central correspondiente a dos consecutivos sea menor de 6 gon.

Procedimientos más comunes de trazado por puntos. Existen numerosos sistemas de trazado. Aquí se tratarán los dos más comunes:

1.- Por polares desde la tangente. Este procedimiento se realiza midiendo ángulos y distancias con estación total y prisma o taquímetro y cinta métrica. El instrumento se estaciona en uno de los puntos de tangencia que se toma como origen de distancias. El origen de ángulos se sitúa en la tangente correspondiente al punto en el que se ha estacionado.

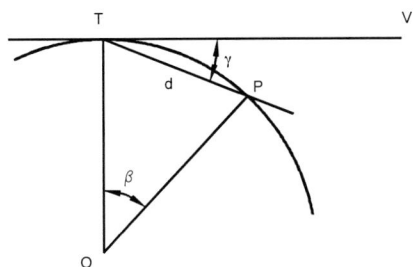

En el sistema de referencia elegido, los datos necesarios para situar un punto P de la curva, correspondiente a un ángulo central β contado a partir de la tangente, serán: la distancia d y el ángulo γ.

Considerando que γ es un ángulo inscrito, y que por lo tanto su valor es la mitad del arco comprendido entre sus lados, el β en este caso, los valores de d y γ serán:

$$\gamma = \frac{\beta}{2}$$

$$d = 2R \cdot \operatorname{sen}\gamma$$

En general, el ángulo y la distancia necesarios para situar un punto n correspondiente a un ángulo central $n\beta$, contado a partir de la tangente, serán:

$$\gamma_n = n \cdot \gamma$$
$$d_n = 2R \cdot \operatorname{sen}\gamma_n$$

Una vez calculados los valores de ángulo y distancia correspondientes a cada uno de los puntos de la curva, la operación de campo necesaria para situarlos sobre el terreno es simple. Se estaciona el instrumento en el punto de tangencia que se ha elegido como origen de distancias y se manipula el círculo horizontal para que la lectura horizontal cero corresponda a la visual TV. Luego basta ir girando el instrumento con el movimiento particular hasta que la lectura que señale el círculo horizontal sea igual al valor del ángulo correspondiente al punto que se quiere situar e ir midiendo las respectivas distancias sobre la alineación que materializa el anteojo en cada caso.

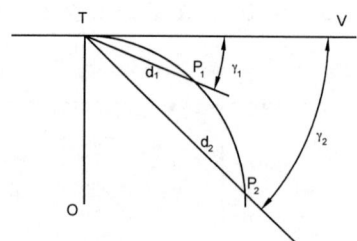

Ejemplo

Obtener los datos necesarios para trazar por polares desde la tangente un arco circular de enlace de *100,00* metros de radio que une dos alineaciones rectas concurrentes que se cortan bajo un ángulo de *87,00* gon.

Solución.

Datos de partida: los parámetros que definen geométricamente el arco.

$$R = 100,00 \text{ m}; \qquad \Omega = 87,00 \text{ gon}.$$

1. Obtención de los elementos de la curva.-

Ángulo central (α): $\alpha = 200 - \Omega = 113,00$ gon.

Tangente (*TV*): $TV = R \tan \dfrac{\alpha}{2}$ *TV = 122,83* m

2.- Número de arcos menores de 6 gon en los que se subdivide el ángulo central.-

$$n = \frac{113}{6} = 18,83 \approx 19 \,(^{17})$$

3.- Angulo entre dos puntos consecutivos.-

$$\beta = \frac{113}{19} = 5,947368 \text{ gon}$$

4. Datos para el trazado.-

$$\gamma = \frac{\beta}{2} = 2,973684 \text{ gon}.$$

En consecuencia, la tabla de los datos de trazado correspondiente a los distintos puntos del arco será:

---

[17] Si se quisiera que uno de los puntos a situar fuese el central de la curva, habría que dividir el ángulo en un número par de partes.

punto 1:　　ángulo = $\gamma_1 = 1 \cdot \gamma = 2,973684$ gon

　　　　　　distancia = $d_1 = 2R \cdot$ sen $2,973684 = 9,34$ m

punto 2:　　ángulo = $\gamma_2 = 2 \cdot \gamma = 5,947368$ gon

　　　　　　distancia = $d_2 = 2R \cdot$ sen $5,947368 = 18,65$ m

punto 3:　　ángulo = $\gamma_3 = 3 \cdot \gamma = 8,921052$ gon

　　　　　　distancia = $d_3 = 2R \cdot$ sen$8,921052 = 27,93$ m

y así sucesivamente.

2. Por abscisas y ordenadas respecto de la tangente. Este procedimiento no requiere la utilización de instrumental de topografía. Para su aplicación basta con una cinta métrica para medir distancias y una escuadra u otro elemento que permita trazar perpendiculares. Presenta sin embargo ciertas limitaciones para su empleo, solo es adecuado para arcos de pequeño tamaño, terreno diáfano en todo el ámbito de la curva, tangentes accesibles en todo su recorrido, etc., lo que hace que solo pueda ser usado en circunstancias muy determinadas.

Consiste en establecer un sistema cartesiano de referencia centrado en el punto de tangencia y con el eje de abscisas coincidiendo con la tangente correspondiente.

En un sistema de referencia como el descrito, los datos necesarios para situar un punto P de la curva serán las distancias TP' y PP'. Siendo la primera la abscisa y la segunda la ordenada del sistema.

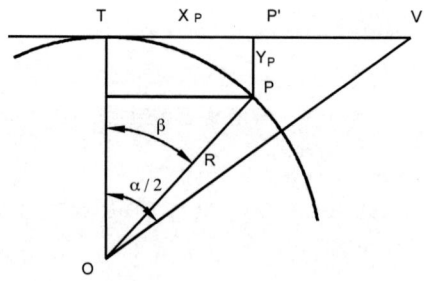

La abscisa TP' de un punto P del arco correspondiente a un ángulo central β [18] contado a partir de la tangente valdrá:

$$x_P = R \cdot \text{sen } \beta$$

La ordenada $P'P$ del mismo punto valdrá:

$$y_P = R - R \cdot \cos\beta$$

En general, las coordenadas de un punto n, correspondiente a un ángulo central $n\beta$, contado a partir de la tangente, valdrán:

$$x_n = R \cdot \text{sen } (n\beta)$$
$$y_n = R - R \cdot \cos (n\beta)$$

Una vez calculados los valores correspondientes a los puntos que se pretenden situar sobre el terreno, la operación de campo carece de complicación. Para situar los puntos se medirá sobre la tangente, tomando como origen el punto de tangencia, una longitud igual a la abscisa de cada uno de ellos. Luego, por el extremo de cada abscisa se trazará una perpendicular a la tangente y sobre dicha perpendicular se medirá la ordenada respectiva. Es habitual trazar la curva en dos partes, ya que una vez llegados al punto central del mismo, para completar el trazado bastará repetir con los mismos datos el proceso a partir de la otra tangente.

Ejemplo

Obtener los datos necesarios para trazar el arco del ejemplo anterior por el método de abscisas y ordenadas sobre la tangente.

Solución.

Los puntos 1, 2 y 3 son los mismos que en el ejemplo anterior.

---

[18] β, según ya se ha dicho, debe ser menor o igual a 6 gon para que al unir entre sí los puntos, el trazado aparezca como curva y no como una línea quebrada.

5.-Datos para el trazado por ordenadas sobre la tangente.-

Abscisa y ordenada para el punto n.° *1*:

$$x_1 = R \cdot \text{sen } \beta = 100 \cdot \text{sen } 5,947368 = 9,32 \text{ m}$$
$$y_1 = R - R \cdot \cos \beta = 100 - (100 \cdot \cos 5,947368) = 0,44 \text{ m}$$

Abscisa y ordenada para el punto n.° *2*:

$$x_2 = R \cdot \text{sen } 2\beta = 100 \cdot \text{sen } 11,894736 = 18,58 \text{ m}$$
$$y_2 = R - R \cdot \cos 2\beta = 100 - (100 \cdot \cos 11,894736) = 1,74 \text{ m}$$

Abscisa y ordenada para el punto n.° *3*:

$$x_3 = R \cdot \text{sen } 3\beta = 100 \cdot \text{sen } 17,842104 = 27,66 \text{ m}$$
$$y_3 = R - R \cdot \cos 3\beta = 100 - (100 \cdot \cos 17,842104) = 3,90 \text{ m}$$

Y así sucesivamente hasta llegar al punto central del arco, en donde los datos serían:

$$x_M = 100 \cdot \text{sen } 56,5 = 77,55 \text{ m}$$
$$y_M = 100 - (100 \cdot \cos 56,5) = 36,86 \text{ m}$$

VII.3.4. Trazados de arcos definidos por cuerda y radio

Los parámetros que los definen geométricamente deben ser conocidos de antemano. Otros elementos a considerar en estos arcos son:

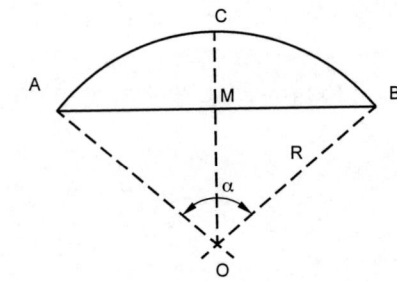

El ángulo central α :

$$\alpha = 2 \arcsen \frac{AB}{2R}$$

la longitud OM:

$$OM = R \cdot \cos\frac{\alpha}{2} = \sqrt{R^2 - AM^2}$$

la flecha CM:

$$CM = R - OM$$

Trazado continuo

Desde los extremos de la cuerda se situará por intersección el centro (O) de la circunferencia a la que pertenece el arco y se fijará en él el extremo de un hilo cuya longitud sea igual al radio R. Puesto en tensión el hilo por medio de un punzón situado en el otro extremo, se procederá con él a marcar la figura del arco.

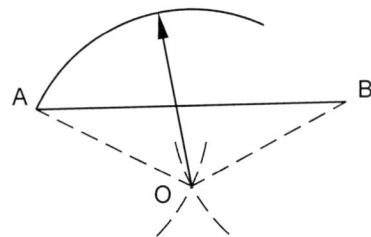

Este procedimiento, aunque sencillo de usar, tiene inconvenientes que lo hacen impracticable en la mayoría de las ocasiones. Cuando el elemento a trazar es horizontal, es frecuente encontrar obstáculos que estorben el trabajo. Si el elemento a trazar es vertical, la mayoría de las ocasiones el centro será inaccesible por encontrarse varios metros bajo tierra o en el aire. Por todo ello, el sistema de trazado que habitualmente se emplea es el discontinuo.

Trazado por puntos

El procedimiento más común es el de de abscisas y ordenadas sobre la cuerda. Los puntos se sitúan apoyándose en un sistema cartesiano de referencia cuyo origen se establece en el punto central de la cuerda siendo esta el eje de abscisas.

En el sistema de referencia descrito, los datos necesarios para situar un punto P de la curva serán las distancias MP' y $P'P$, siendo la primera la abscisa y la segunda la ordenada del punto.

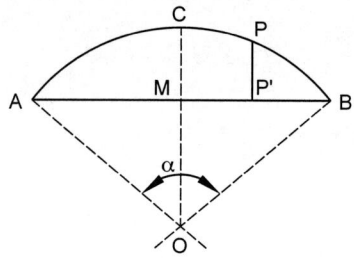

Los datos del trazado se obtienen mediante el procedimiento siguiente:

Sea ACP el arco que se quiere trazar, definido geométricamente mediante la cuerda AB y el radio R. En primer lugar se considera un sistema cartesiano auxiliar de referencia centrado en el centro de la circunferencia a la que pertenece el arco y cuyo eje de abscisas sea el diámetro paralelo a la cuerda AB. La abscisa y la ordenada en dicho sistema de un punto P del arco se relacionan con el radio R de la circunferencia mediante la igualdad:

$$x_P^2 + y_P^2 = R^2$$

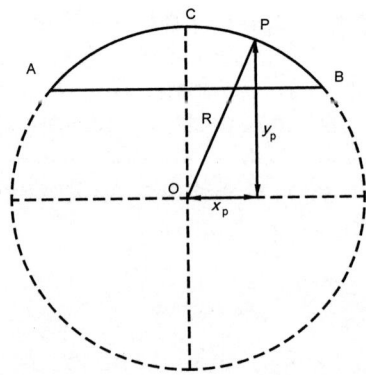

Si se toman para las abscisas de los puntos unos valores constantes predeterminados, habitualmente de *1* metro a ambos lados del origen, las ordenadas correspondientes se pueden calcular fácilmente a partir de la igualdad anterior.

De esta forma:

Para el punto central del arco:

$$x_0 = 0 \qquad\qquad y_0 = R$$

Para el primer punto a ambos lados:

$$x_1 = 1\,\text{m} \qquad\qquad y_1 = \sqrt{R^2 - 1}$$

Para el segundo punto a ambos lados:

$$x_2 = 2\,\text{m} \qquad\qquad y_2 = \sqrt{R^2 - 2^2}$$

Para el tercer punto a ambos lados:

$$x_3 = 3\,\text{m} \qquad\qquad y_3 = \sqrt{R^2 - 3^2}$$

y así sucesivamente.

Sin embargo, los valores calculados no sirven como datos de campo para el trazado. Están referidos a un sistema cartesiano auxiliar paralelo al que realmente se va a emplear sobre el terreno (el trazado se va a realizar tomando como eje de abscisas la cuerda mientras que el cálculo se ha hecho tomando como eje de abscisas un diámetro paralelo a ella).

La solución es sencilla. Para cada punto, los valores de las abscisas son los mismos en los dos sistemas. Las ordenadas son distintas, pero sus nuevos valores se pueden obtener fácilmente resolviendo la oportuna traslación.

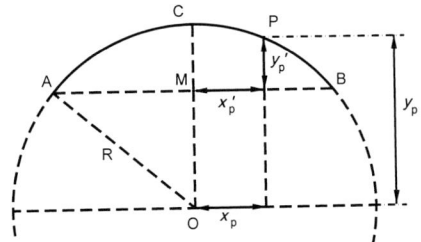

En primer lugar, habrá que calcular la distancia OM entre la cuerda, que es el eje de abscisas que se va a emplear, y el diámetro horizontal, que es el eje de abscisas auxiliar. Dicha distancia se puede obtener mediante la expresión:

$$OM = \sqrt{R^2 - AM^2}$$

Finalmente, los datos de campo necesarios para el trazado del punto P serán:

$$x'_P = x_P$$
$$y'_P = y_P - OM$$

Ejemplo

Calcular los datos necesarios para trazar sobre una fachada un arco circular de 10 metros de cuerda y 30 de radio.

Solución

El trazado se hará por abscisas y ordenadas sobre la cuerda con intervalo constante de abscisa de 1 metro. Datos de partida para el cálculo:

Cuerda $OM = 10$ m; $R = 30$ m

1.- Cálculo de las abscisas y ordenadas referidas al centro de la circunferencia:

$x_0 = 0$ $y_0 = 30$

$x_1 = 1$ $y_1 = \sqrt{30^2 - 1^2} = 29{,}98$

$x_2 = 2$ $y_2 = \sqrt{30^2 - 2^2} = 29{,}93$

$x_3 = 3$ $y_3 = \sqrt{30^2 - 3^2} = 29{,}84$

$x_4 = 4$ $y_4 = \sqrt{30^2 - 4^2} = 29{,}73$

$x_5 = 5$ $y_5 = \sqrt{30^2 - 5^2} = 29{,}58$

2.- Cálculo de las abscisas y ordenadas referidas a la cuerda

Distancia entre la cuerda y el diámetro: $y_5 = 29,58$

Por consiguiente:

$x_0' = 0$ $y_0' = 30,00 - 29,58 = 0,42$

$x_1' = 1$ $y_1' = 29,98 - 29,58 = 0,40$

$x_2' = 2$ $y_2' = 29,93 - 29,58 = 0,35$

$x_3' = 3$ $y_3' = 29,84 - 29,58 = 0,26$

$x_4' = 4$ $y_4' = 29,73 - 29,58 = 0,15$

$x_5' = 5$ $y_5' = 29,58 - 29,58 = 0,00$

Trazado del arco.- Sobre la cuerda y a partir de su punto central se miden, a derecha e izquierda, las distancias correspondientes a los intervalos constantes de abcisa, 1 metro en este caso.

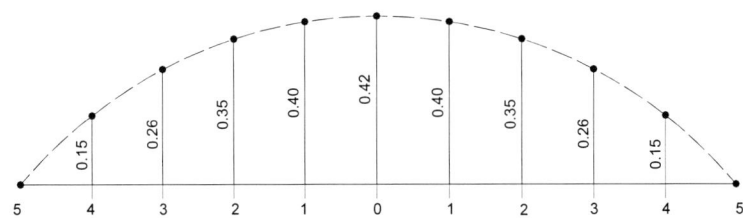

A continuación se trazan las respectivas perpendiculares y se miden sobre ellas los correspondientes valores de ordenadas, señalando sobre el terreno los puntos del arco.

Finalmente, uniendo los puntos se tendrá trazado el arco.

Trazado sobre la tangente.- En general, el procedimiento descrito permite utilizar como eje de abscisas para el trazado cualquier recta paralela al diámetro siempre que la distancia entre ambos sea conocida. Tomando, por ejemplo, como nuevo eje de abscisas para el trazado la tangente al arco en su punto medio:

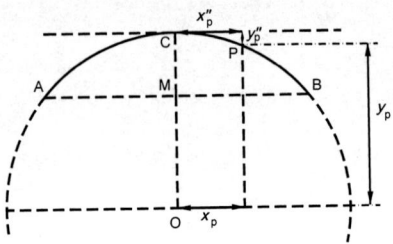

Los nuevos valores de abscisas y ordenadas se obtendrían mediante una traslación de longitud R:

$$x_P'' = x_P$$
$$y_P'' = R - y_P$$

VII.4.1. Perfil del terreno

Se denomina *perfil del terreno* a la figura que representa una sección vertical del mismo. El perfil puede ser: *longitudinal,* si el plano vertical seccionante sigue una alineación principal, o *transversal*, perpendicular al longitudinal y dispuesto a ambos lados de este con un determinado ancho.

Los perfiles se pueden obtener en gabinete a partir de un modelo digital de terreno o de un plano con curvas de nivel, procedimiento ya descrito, o directamente en campo.

La toma de datos en campo requiere el trazado previo de la alineación a lo largo de la cual se va a hacer el perfil y la selección y estaquillado de los puntos de la misma que se van a tomar.

La elección de los puntos es importante. De ella dependerá que el perfil resultante sea una fiel representación de la sección del terreno o una mala caricatura de la misma. Normalmente, se considera que para obtener un buen perfil es necesario levantar todos los puntos de intersección de la traza del perfil con los accidentes naturales del terreno: puntos cambio de pendiente, pie y cabeza de taludes, bancales, muros, etc. También suelen incluirse en el perfil otros puntos pertenecientes a cruces con accidentes artificiales: viales, canales, acequias, etc.

En el caso de perfiles longitudinales de viales, se deben incluir, además, los puntos correspondientes a las tangentes de entrada y salida y puntos intermedios de los arcos de enlace.

VII.4.2. Perfil longitudinal

Es el dibujo de una sección vertical del terreno a lo largo de una alineación principal. Se emplea, fundamentalmente, para el estudio y trazado de las rasantes de los proyectos de Arquitectura e Ingeniería.

Los datos necesarios para dibujar un perfil longitudinal son las cotas de los puntos del perfil y la distancia reducida de cada uno de ellos al punto inicial del perfil. Estos datos se pueden obtener en campo con: *estación total*, o con *Nivel, mira de nivelación y cinta métrica*.

Obtención de datos con estación total

Se estaciona el instrumento en el punto inicial del perfil. El jalón portaprismas se va colocando sobre los otros puntos del mismo, tomándose en cada uno de ellos los datos necesarios para determinar su distancia reducida y su desnivel respecto del punto de estación.

Obtención de datos con Nivel, mira y cinta

Los datos a tomar son distancias reducidas medidas con la cinta entre cada dos puntos consecutivos del perfil y lecturas de mira realizadas con el Nivel en cada punto del perfil. Los datos obtenidos se suelen registrar en un impreso como el que figura en la página 234.

Las lecturas de mira se suelen obtener operando con el Nivel de la forma siguiente:

Se estaciona el Nivel, normalmente fuera de la traza del perfil, a una distancia apropiada del primer punto del mismo, que ha de ser de cota conocida.

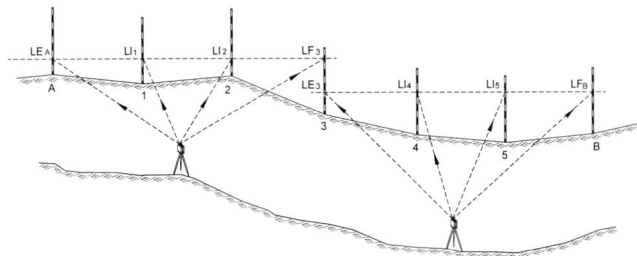

Se coloca la mira en ese primer punto y se efectúa sobre ella una lectura de Nivel que se anotará en la casilla correspondiente de la columna "NIVELADAS, Atrás" (véase el impreso de la página siguiente). Sin cambiar el Nivel de estación, se irá colocando la mira en los siguientes puntos del perfil, efectuando lecturas y anotando los valores obtenidos en las casillas correspondientes de la columna "NIVELADAS, Intermedias". Cuando se llegue a un punto cuya distancia al Nivel sea aproximadamente igual a la distancia existente entre este y el primer punto, la lectura de mira correspondiente se anotará en la columna "NIVELADAS, Adelante", y sin mover la mira de dicho punto se cambiará el Nivel de estación.

Desde la nueva posición del Nivel, se volverá al leer a la mira, que ha permanecido inmóvil, anotándose la lectura en la línea correspondiente al punto y en la columna "NIVELADAS, Atrás". De esta forma, en la línea correspondiente al punto de cambio de estación figurarán dos lecturas: una anotada en la columna "NIVELADAS, Adelante", y otra en la columna "NIVELADAS, Atrás" (véase el ejemplo adjunto). En la nueva estación se iniciará un nuevo ciclo de lecturas intermedias, hasta llegar a un punto en el que nuevamente haya que cambiar de estación, anotándose entonces la lectura correspondiente en la columna "NIVELADAS; Adelante", y así sucesivamente.

Cálculos de gabinete

Se realizan en el mismo estadillo donde se han registrado los datos de campo. Consisten en la obtención de las cotas de los puntos del perfil y la determinación de la distancia horizontal entre cada uno de ellos y el punto inicial de aquel.

| PERFIL | DISTANCIAS | | NIVELADAS | | | PLANO de Compara-ción | ORDENADAS | | RASANTES | COTAS ROJAS | |
	Parciales	Al origen	Atrás	Interme-dias	Adelante		Terreno	Rasante	Rasante	Desmonte	Terraplén
A	0	0	2.536								
1	26.12	26.12		1.766							
2	33.30	59.42		1.066							
3	13.02	72.44	1.634		0.365						
4	18.94	91.38		0.759							
5	11.68	106.06		1.845							
B	18.80	121.86			2.352						

La distancia al origen de cada uno de los puntos del perfil se obtiene sumando a la distancia parcial entre cada punto y el anterior, la distancia de este al origen. En el ejemplo que se adjunta, la distancia al origen del punto 3 será:

$$\begin{array}{lr} \text{Distancia parcial entre 2 y 3} \quad \dots\dots\dots\dots & 13{,}02 \\ \text{Distancia al origen del punto 2} \quad \dots\dots\dots\dots & +59{,}42 \\ \hline \text{Distancia al origen del punto 3} \quad \dots\dots\dots\dots & 72{,}44 \end{array}$$

y así sucesivamente.

Las cotas se obtienen operando de la forma siguiente: a la cota conocida del punto de arranque, el A en este caso, se le suma la lectura de mira correspondiente a dicho punto situada en la columna "NIVELADAS, Atrás". El resultado se anota en la misma línea y en la columna "PLANO de comparación".

$$610{,}000 + 2{,}536 = 612{,}536$$

Luego, tomando dicha cantidad, *612,536*, como minuendo constante, se le irán restando las diferentes lecturas de mira que figuren en las columnas "NIVELADAS, Intermedias" y "NIVELADAS, Adelante", hasta que se llegue a un punto donde haya una anotación en la columna NIVELADAS, Atrás". Los resultados que se vayan obteniendo se irán anotando en las casillas correspondientes de la columna "ORDENADAS, Terreno" (Las *"ordenadas terreno"* son las cotas de los puntos del perfil). Así:

$$\text{Ordenada del punto 1} = 612{,}536 - 1{,}776 = 610{,}770$$
$$\text{Ordenada del punto 2} = 612{,}536 - 1{,}066 = 611{,}470$$
$$\text{Ordenada del punto 3} = 612{,}536 - 0{,}365 = 612{,}171$$

Cuando se llegue a un punto donde haya anotación en la columna "NIVELADAS, Atrás", se deberá obtener un nuevo plano de comparación:

nuevo plano de comparación = ordenada del punto + nivelada atrás.

Nuevo plano de comparación en 3

$$612{,}171 + 1{,}634 = 613{,}805$$

iniciándose un nuevo ciclo de cálculo de ordenadas:

PERFIL	DISTANCIAS		NIVELADAS			PLANO de Comparación	ORDENADAS		RASANTES	COTAS ROJAS	
	Parciales	Al origen	Atrás	Intermedias	Adelante		Terreno	Rasante		Desmonte	Terraplén
A	0	0	2.536			612.536	610.000	610.000		0.000	
1	26.12	26.12		1.766			610.770	610.525		0.245	
2	33.30	59.42		1.066			611.470	611.195		0.275	
3	13.02	72.44	1.634		0.365	613.805	612.171	611.456		0.715	
4	18.94	91.38		0.759			613.046	611.837		1.209	
5	11.68	106.06		1.845			611.960	612.131			0.171
B	18.80	121.86			2.352		611.543	612.450			0.997

Ordenada del punto 4 = 613,805 - 0,759 = 613,046

y así sucesivamente.

Dibujo del perfil

El dibujo de los perfiles longitudinales se hace, normalmente, en dos escalas distintas: una para las horizontales y otra mayor para las verticales, con el fin de que el relieve del terreno aparezca realzado. Es habitual que la escala horizontal y la vertical empleadas estén en una relación de 1 a 10.

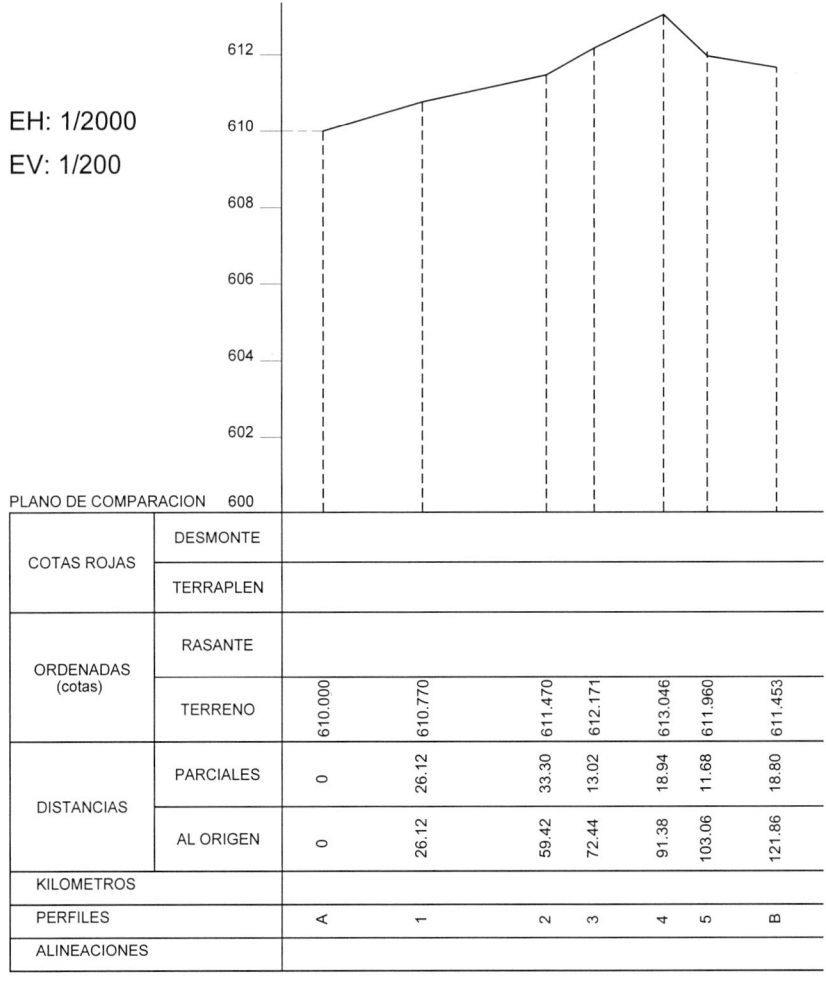

EH: 1/2000

EV: 1/200

COTAS ROJAS	DESMONTE							
	TERRAPLEN							
ORDENADAS (cotas)	RASANTE							
	TERRENO	610.000	610.770	611.470	612.171	613.046	611.960	611.453
DISTANCIAS	PARCIALES	0	26.12	33.30	13.02	18.94	11.68	18.80
	AL ORIGEN	0	26.12	59.42	72.44	91.38	103.06	121.86
KILOMETROS								
PERFILES		A	1	2	3	4	5	B
ALINEACIONES								

PLANO DE COMPARACION 600

El dibujo se inicia trazando una recta a la que se le dará una cota arbitraria, denominada: *plano de comparación*[19]. La cota del plano de comparación deberá ser siempre menor que la menor de las cotas de los puntos del perfil. En la recta se señalará un punto que se tomará como origen del perfil.

Sobre la recta que materializa el plano de comparación, a partir del punto señalado en ella, a escala, tomando como abscisas las distancias al origen y como ordenadas las diferencias entre la cota arbitraria del plano de comparación y las de los puntos del terreno, se irán situando estos. Uniéndolos convenientemente, se tendrá dibujado el perfil.

"Guitarra" de un perfil

En el dibujo de un perfil se debe incluir una serie de datos situados ordenadamente en siete franjas ubicadas debajo de la recta que se ha tomado como plano de comparación, constituyendo lo que coloquialmente se conoce con el nombre de: *la guitarra del perfil.*

Las dos primeras franjas corresponden a las cotas rojas de desmonte y terraplén[20]. Las otras dos a las ordenadas (cotas) del terreno y de la rasante.

Las franjas restantes contienen los datos relativos a: distancias al origen, puntos del perfil y alineaciones.

En principio, en la guitarra se deben consignar los datos que han permitido dibujar el perfil, esto es: distancias parciales, distancias al origen y ordenadas negras (cotas) de los puntos del perfil. El resto se cubrirá una vez se hayan definido las rasantes.

VII.4.3. Establecimiento de rasantes

Las rasantes son las líneas que definen la posición espacial de un proyecto respecto del plano horizontal. Se dibujan sobre los perfiles longitudinales, teniendo en cuenta, para ello, las especificaciones relativas a cotas y pendientes.

---

[19] Este plano no tiene nada que ver con el que figura en los estadillos de cálculo.
[20] Se hablará de ellas en el apartado siguiente.

Al establecer las rasantes se deberá tratar de conseguir que el movimiento de tierras necesario para lograrlas sobre el terreno sea mínimo, y que la superficie de desmonte medida sobre el perfil sea aproximadamente igual a la de terraplén.

Dibujadas las rasantes en los correspondiesen perfiles, es necesario definirlas altimétricamente mediante las: "ORDENADAS Rasante", que son las cotas de la rasante en cada uno de los puntos del perfil.

La determinación de las *ordenadas de la rasante* se puede hacer mediante dos procedimientos:

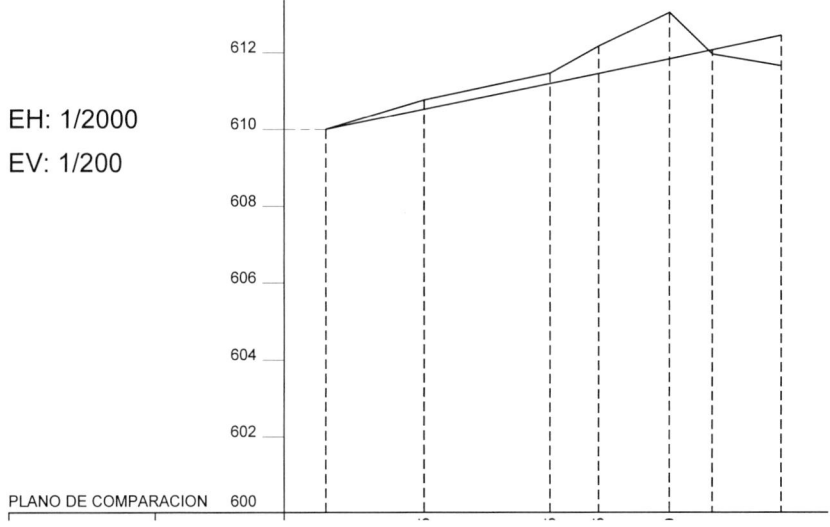

- *gráficamente*, midiéndolas a escala sobre el perfil a partir del plano de comparación.

- *analíticamente*, a partir de los valores de las pendientes de las rasantes y las distancias entre los puntos. Si las pendientes no estuviesen cifradas, sería necesario hacerlo antes de calcular las ordenadas de la rasante.

Cálculo de las pendientes

Se obtienen a partir de las cotas de los puntos inicial y final de cada tramo de la rasante, y de la distancia entre ellos.
Así, siguiendo con el ejemplo:

Cota del extremo A de la rasante = 610,00

(En el punto *A* coinciden terreno y rasante, por lo tanto ambos tienen la misma cota)

Cota del extremo B de la rasante = 612,45

(La cota se ha obtenido midiendo gráficamente a escala sobre el perfil)

Desnivel de B respecto de A = 612,45 − 610,00 = + 2,45

Longitud entre A y B = 121,86

$$\text{Pendiente de la rasante } AB = \frac{+\,2,45}{121,86} = +\,0,020 = +\,2\%$$

El valor de la pendiente de cada tramo se anota en la columna correspondiente del estadillo de cálculo.

Cálculo de las ordenadas de la rasante

Conocida la pendiente de un tramo, la determinación de la cota de la rasante en un punto de la misma es inmediata:

1. Multiplicando la pendiente del tramo por la distancia al origen del punto en cuestión, se obtiene el desnivel de la rasante entre el punto y el origen del tramo.

Desnivel = pendiente x distancia al origen

2. Sumando algebraicamente el desnivel obtenido y la ordenada de la rasante en el origen del tramo, se obtiene la ordenada de la rasante en el punto en cuestión.

Ordenada rasante en un punto = ordenada rasante en el origen ± desnivel

Siguiendo con el ejemplo. Cálculo de la *ordenada rasante* en el punto *4:*

$$\text{Distancia de 4 al origen del tramo} = 91,38$$
$$\text{Desnivel de la rasante entre 4 y el origen del tramo} = +0,02 \times 91,38 = +1,83$$

$$\text{Ordenada rasante en } 4 = 610,00 + 1,83 = 611,83$$

Operando de la forma descrita se van obteniendo las *ordenadas de la rasante* en todos y cada uno de los puntos del perfil.

Concepto de cota roja

Se denomina *Cota Roja* a la diferencia entre las ordenadas del terreno y las de la rasante en cada uno de los puntos del perfil.

Las cotas rojas pueden ser *de desmonte*, cuando la cota del terreno es mayor que la de la rasante, o *de terraplén*, en el caso contrario.

Las cotas rojas se determinan en el estadillo de cálculo y luego se deben anotar en la franja correspondiente de la guitarra del perfil.

PLANO DE COMPARACION 600								
COTAS ROJAS	DESMONTE	0	0.245	0.275	0.715	1.209		
	TERRAPLEN	0					0.112	0.997
ORDENADAS (cotas)	RASANTE	610.000	610.525	611.195	611.456	611.837	612.072	612.450
	TERRENO	610.000	610.770	611.470	612.171	613.046	611.960	611.453
DISTANCIAS	PARCIALES	0	26.12	33.30	13.02	18.94	11.68	18.80
	AL ORIGEN	0	26.12	59.42	72.44	91.38	103.06	121.86
KILOMETROS								
PERFILES		A	1	2	3	4	5	B
ALINEACIONES								

VII.4.3. Los perfiles transversales y la sección tipo

Un perfil transversal es un dibujo del terreno obtenido en una dirección perpendicular al perfil longitudinal. Con los perfiles transversales se obtienen unas secciones del terreno en las que se puede determinar, a priori, el ancho y la superficie de la zona que va a ser ocupada por una obra. También se utilizan para calcular el volumen del movimiento de tierras.

Es práctica habitual obtener un perfil transversal en cada uno de los puntos del perfil longitudinal correspondiente, designándoseles con el mismo número que el punto del longitudinal por donde se trazan.

Los datos necesarios para dibujar un perfil transversal son los desniveles de los puntos laterales respecto al central del perfil y las distancias entre ellos.

La instrumentación empleada podrá ser: estación total, o Nivel, mira y cinta, dependiendo de las características del terreno y de la precisión exigida.

En el caso de empleo de Nivel, los desniveles se obtendrán realizando lecturas de mira en los puntos central y laterales del perfil. La diferencia entre la lectura de mira obtenida en el punto central, que se tomará como lectura de espaldas, y la correspondiente a cada punto lateral, que se tomará como lectura de frente, dará el desnivel del punto en cuestión respecto del central.

Dibujo del perfil

Los perfiles transversales se dibujan, normalmente, a la misma escala horizontal y vertical.

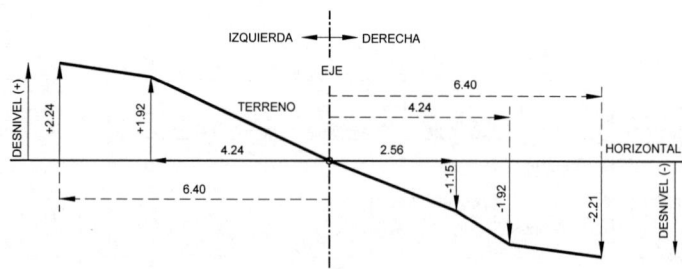

En un papel, normalmente milimetrado, se trazará una recta horizontal y sobe ella se señalará un punto que se tomará como el central del perfil. Sobre la referida recta, a partir del punto señalado, a escala, tomando como abscisas las distancias entre cada punto y el central del perfil y como ordenadas los desniveles respectivos, se irán situando los puntos laterales. Uniéndolos convenientemente, se tendrá dibujado el perfil.

Sección tipo. Cajeado de los perfiles. Sección transversal

Se denomina *sección tipo* al perfil transversal que tendrá la obra una vez terminada.

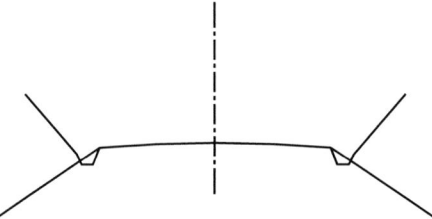

Cajeado de un perfil es la operación consistente en dibujar sobre cada perfil transversal la sección tipo de la obra en ese punto. La intersección de ambos perfiles, el del terreno y el de la sección tipo, configura una superficie cerrada que se denomina *sección transversal*.

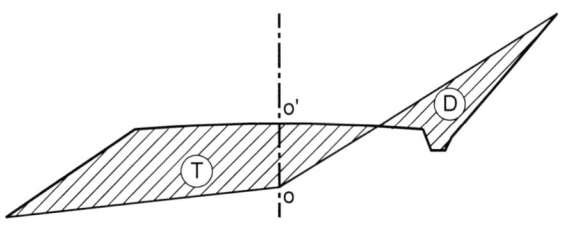

Sección transversal

El cajeado se realiza, habitualmente, de forma gráfica. Los datos necesarios son: la cota roja del punto central del perfil que se va a cajear, dato que figura en el longitudinal correspondiente, y la sección tipo de la obra en ese punto.

La operación es sencilla. A partir del punto central (O) del perfil que se quiera canjear (véase figura anterior), se medirá en sentido vertical, a la escala correspondiente, una magnitud (OO'), igual a la cota roja en dicho punto. Esta magnitud se tomará en sentido ascendente o descendente, según que la rasante vaya por encima del terreno (cota roja de terraplén), o por debajo (cota roja de desmonte). A un lado y otro de O', se dibujará la sección tipo correspondiente al semiancho de la obra. Se trazarán, por último, las líneas correspondientes a los taludes, teniendo en cuenta la pendiente adoptada por los mismos.

Como los perfiles transversales a canjear suelen ser muy numerosos, se facilita la operación utilizando una plantilla semejante a la representada en la figura siguiente, construida de cartón o plástico y recortada con arreglo a las dimensiones de la sección tipo.

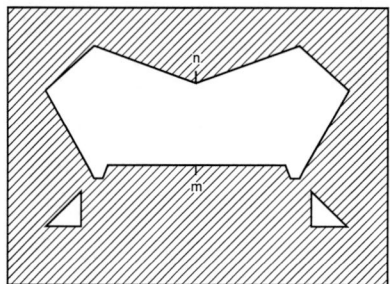

Para emplearla, basta colocar los puntos m y n de la plantilla sobre la vertical que pasa por el centro del perfil transversal, de forma que m coincida con O', y seguir con un lápiz el contorno de la plantilla.

VII.4.5. Cálculo del volumen del movimiento de tierras

El volumen previsible del movimiento de tierras de una obra se obtiene a partir de las áreas de las distintas secciones transversales, cifradas normalmente (las áreas) con planímetro.

La fórmulas que se emplean para el cálculo del volumen movimiento de tierras se fundamentan en la del volumen del *prismoide*, que es un sólido limitado por dos caras planas y paralelas de forma cualquiera, llamadas bases, y por una superficie reglada engendrada por una recta que se apoya en ambas bases.

Existen diversas fórmulas para el cálculo. Habitualmente se emplea la llamada *de la sección media*, que da valores aproximados del volumen del prismoide en función de las superficies de sus bases y de la distancia entre ambas.

En el cálculo de volúmenes por aplicación de la fórmula de la *sección media* se pueden dar diferentes casos:

Volumen este dos perfiles transversales ambos en terraplén

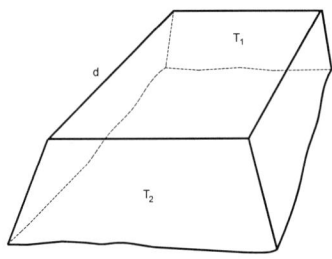

$$V_T = \frac{1}{2} d \cdot (T_1 + T_2)$$

Siendo:

$$T_1 = \text{Área de la base 1}$$

$$T_2 = \text{Área de la base 2}$$

$$d = \text{distancia entre las bases}$$

Volumen este dos perfiles transversales ambos en desmonte

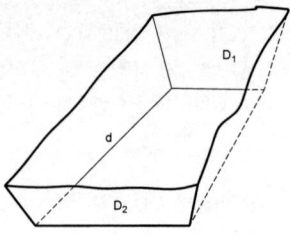

$$V_D = \frac{1}{2}d \cdot (D_1 + D_2)$$

Siendo:

$$D_1 = \text{Área de la base 1}$$

$$D_2 = \text{Área de la base 2}$$

$$d = \text{distancia entre las bases}$$

Volumen este dos perfiles transversales, uno en desmonte y otro en terraplén

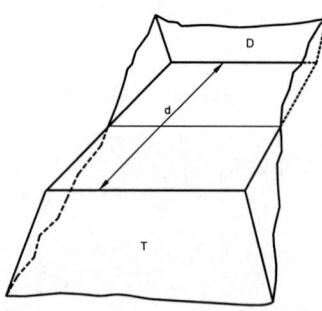

En estos casos se deberán calcular separadamente los volúmenes correspondientes al desmonte y al terraplén:

$$V_D = \frac{1}{2}d \cdot \left(\frac{D^2}{D+T} \right) \qquad\qquad V_T = \frac{1}{2}d \cdot \left(\frac{T^2}{D+T} \right)$$

Siendo:

$$D = \text{Área de la base en desmonte}$$

$$T = \text{Área de la base en terraplén}$$

$$d = \text{distancia entre ambas}$$

Determinación del volumen de la excavación de un solar

Cuando se trata de hacer una excavación de planta poligonal con paredes verticales, caso de un solar, no es necesario levantar perfiles transversales para obtener el volumen de la excavación.

Sean A, B, C y D, las cuatro esquinas de un solar que se va a excavar hasta una cota determinada, Z_{EXC}, y del que se desea conocer a priori el volumen de la excavación. Para ello se procederá del modo siguiente:

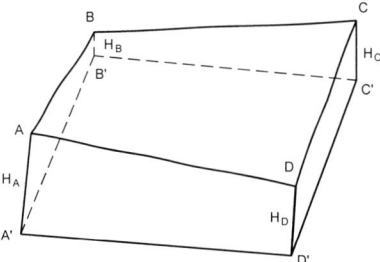

Mediante un Nivel o Estación total, se determinarán las cotas Z_A, Z_B, Z_C, Z_D, del terreno en las esquinas del solar. La diferencia entre estas cotas y la de excavación dará la profundidad de esta en cada vértice del solar:

$$H_A = Z_A - Z_{EXC}$$

$$H_B = Z_B - Z_{EXC}$$

$$H_C = Z_C - Z_{EXC}$$

$$H_D = Z_D - Z_{EXC}$$

La media aritmética de las cuatro profundidades dará la profundidad media de la excavación, H_M, o altura media del prisma irregular de bases $ABCD$ y $A'B'C'D'$, cuyo volumen será:

$$V = Area_{A'B'C'D'} \cdot H_M$$

VII.4.6. Control topográfico de rasantes

Al iniciar una obra, el constructor dispone de los perfiles longitudinales como documento altimétrico de apoyo. En ellos aparecen perfectamente definidas las rasantes del proyecto y establecida su relación con el terreno actual mediante las denominadas cotas rojas[21].

Sin embargo, al iniciarse el movimiento de tierras las cotas del terreno se modifican, dejando de tener relevancia los valores iniciales de las cotas rojas, que se van modificando conforme avanzan los trabajos. Ello hace necesario realizar, durante todo el periodo de ejecución de la obra, un control sistemático de las diversas cotas que se van alcanzando, con el fin de lograr situar la rasante definitiva a la cota que indica el proyecto.

Para poder realizar adecuadamente el control topográfico de las rasantes de una obra, es necesario disponer de puntos de control de cota conocida que sirvan de referencia altimétrica. Dichos puntos deben cubrir toda la zona de los trabajos y estar perfectamente señalados. Pueden ser de dos tipos: permanentes y auxiliares.

---

[21] Recuérdese que la cota roja es la diferencia entre la cota del terreno y la de la rasante en cada uno de los puntos de un perfil longitudinal.

Se denominan *permanentes* los puntos que constituyen la red básica del control altimétrico de cotas. Deben ser fijos y muy firmes, ya que han de durar sobre el terreno hasta el final de los trabajos. Es necesario situarlos en zonas donde se tenga cierta seguridad de que no serán desplazados o movidos accidentalmente durante la ejecución de los trabajos. Normalmente se materializan sobre el terreno mediante los denominados *bancos de nivel*.

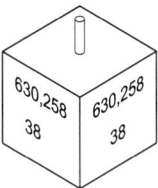

Un banco de nivel consiste en un cubo de hormigón realizado in situ, suficientemente hincado en el terreno, que lleva embutido en su cara superior un clavo o una estaca. En las caras laterales se suele escribir un número identificativo del banco y una cota, que es la de la cabeza del clavo, por ser en ella donde se apoya la mira de nivelación cuando se realizan las operaciones conducentes a determinar su cota.

Las cotas de los puntos permanentes se determinan con Nivel topográfico y mira de nivelación, mediante nivelación geométrica por el método del punto medio, a partir de un único punto de cota previamente conocida. La nivelación se debe realizar una vez que el hormigón haya fraguado convenientemente y se tenga la seguridad de que las señales se hayan asentado perfectamente en el terreno

Los *puntos auxiliares* densifican y completan la red básica de control altimétrico constituida por los puntos permanentes. Tienen como finalidad permitir al constructor la comprobación permanente de las cotas del trabajo en todas sus fases, utilizando los medios elementales a su alcance: regle, plomada, nivel de albañil, cinta métrica, etc.

Consisten, normalmente, en estacas situadas a pie de tajo, pintadas con colores chillones, suelen ser naranja o butano, con el fin de que todos los operarios pueden advertir su presencia y evitar moverlas accidentalmente. Su cota se determina con Nivel topográfico y mira de nivelación, mediante nivelación geométrica a partir del punto permanente más próximo.

Ejemplo

Para que un constructor pueda controlar la cota de una excavación, se ha situado en el punto P36 del perfil longitudinal una estaca clavada al borde del tajo. La cota de su cabeza se ha obtenido mediante nivelación geométrica realizada con Nivel topográfico y mira de nivelación, arrastrándola desde un banco de nivel próximo, habiéndose obtenido un valor de 5,20 m. Por otro lado, los datos que figuran en el perfil indican que la cota de rasante en el punto P36 debe ser de 3,40 m.

A la vista de los datos anteriores, es evidente que para llegar a cota de rasante en el punto P36, se debe bajar 1,80 m desde la cabeza de la estaca:

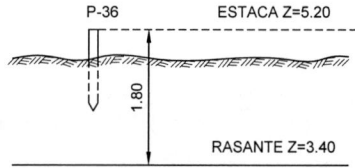

La cantidad a bajar se suele anotar mediante rotulador en una de las caras de la estaca. De esta forma, el constructor podrá verificar la profundidad de la excavación cada vez que lo necesite.

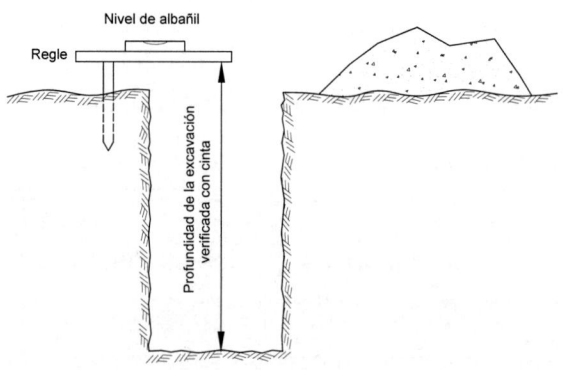

Control por Láser

LÁSER es una palabra formada por las iniciales de la frase inglesa "Light Amplification by Stimulated Emission of Radiation". El láser es un rayo de luz que contiene un solo color o longitud de onda. No le afecta el viento, la lluvia o la brisa del mar, pero no penetra a través de la niebla. Tiene la virtud de ser a la vez rápido, exacto, barato, versátil y muy fácil de usar.

Los aparatos de láser comercializados para la construcción responden al esquema de la figura siguiente.

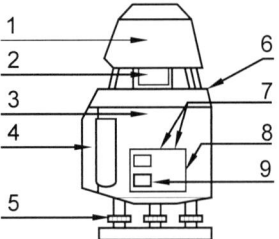

1 Parte superior abatible, motorizada
2 Prisma pentagonal giratorio
3 Robusta carcasa de plástico, rellena de gas
4 Asa fácil de agarrar
5 Tornillos nivelantes para el rápido nivelado aproxi
6 Nivel esférico para puesta en horizontal
7 Lámparas de control
8 Interruptor ON/OFF
9 Regulador de la velocidad

Consisten en un tubo o carcasa que emite el rayo láser a través de unos orificios o ventanas. La carcasa posee un sistema de tornillos nivelantes asociados a un nivel esférico para su horizontalización aproximada, lográndose la horizontalización fina emitido mediante un sistema de autonivelación. El emisor suele estar dotado de un movimiento circular, lo que permite crear un plano engendrado por el constante barrido del rayo.

Disponen de accesorios de diversos tipos, trípodes, sistemas de fijación a columnas y paramentos, visores telescópicos, sensores ópticos y acústicos, etc., apropiados para adaptar el instrumento al uso que se le quiera dar en cada momento.

El rayo láser emitido suele ser de color rojo, lo que permite su visualización en el espacio y la posibilidad de ser interceptado en cualquier punto de su trayectoria por medio de los sensores. Estos disponen, generalmente, de un sistema que indica si hay que bajarlo o subirlo, al sensor, para alcanzar la rasante materializada por el rayo.

Las aplicaciones del emisor láser en el control de rasantes son múltiples. Situado el emisor de forma que el rayo emitido sea horizontal, al girar la cabeza rotatoria se engendra un plano horizontal que se puede tomar como referencia para diversas operaciones: acotamiento de estacas, acondicionamiento de terrenos, nivelación de campos deportivos y aparcamientos, dirección de maquinaria en movimientos de tierra, control de altura de hormigón en suelos, soleras y forjados, etc.

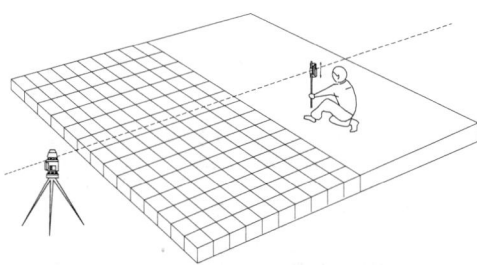

También existen en el mercado instrumentos Láser especialmente diseñados para facilitar las operaciones de colocación de tubos de conducción y drenaje. Permiten situar tanto las rasantes como las alineaciones.

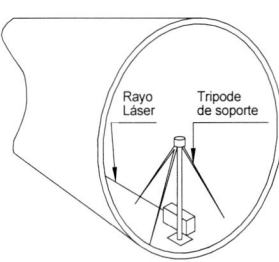

Láser soportado por un trípode dentro
de una tubería de gran diámetro.

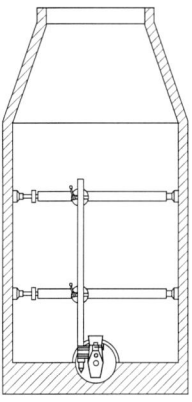

Un registro con el láser colocado en posición

En las tuberías, se utilizan normalmente asociados con pantallas
diseñadas al efecto.

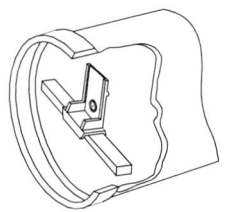

Mira para usar con el láser, en un
tramo de tubo por instalarse.

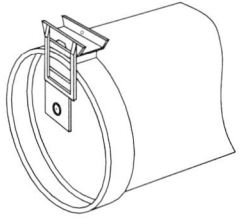

Mira para láser en la parte superior de un tubo.

VII.5. TÉCNICAS PARA EL CONTROL GEOMÉTRICO DE PATOLOGÍAS EN LA EDIFICACIÓN

VII.5.1. Procedimientos de control

Los procedimientos de control empleados habitualmente para obtener los datos necesarios para confirmar una hipótesis sobre las causas de una determinada patología se pueden reunir en dos grandes grupos: mecánico-físicos y geométricos.

Los procedimientos *mecánico-físicos* utilizan plomadas, inclinómetros, extensómetros, niveles cenitales, elongámetros, cintas de convergencia, etc. Instrumentos todos ellos que, si bien pueden ofrecer indicaciones de gran exactitud, no pueden medir más que variaciones de situación relativas, puesto que, por regla general, también se mueve el punto de referencia.

Los procedimientos *geométricos* se basan en la medida de ángulos, distancias y desniveles mediante los aparatos propios de la topografía: teodolitos, estaciones totales, Niveles topográficos; y en el empleo de los métodos topográficos de posicionamiento espacial. Pueden detectar no solo variaciones de situación relativas, sino también variaciones de situación en todo un edificio, o partes de él, con respecto a puntos fijos situados sobre el terreno en el que está cimentado.

En general, la aplicación de métodos de topografía en los estudios de patologías permite detectar y cuantificar en magnitud, dirección y sentido, variaciones, movimientos y deformaciones estructurales, permitiendo, además, establecer si tales fenómenos son estáticos o dinámicos y el seguimiento de su evolución en el tiempo.

Aunque, en principio, todos los métodos topográficos se pueden aplicar en el control geométrico, la práctica ha venido a consagrar como más adecuados los siguientes:

- Radiación e intersección, para la obtención de coordenadas planimétricas (x, y) que permitan la detección y control de desplazamientos horizontales.

- Nivelaciones geométricas y trigonométricas, para la obtención de cotas (z) que permitan detectar y cuantificar desplazamientos verticales.

- Métodos taquimétricos, para la obtención de coordenadas espaciales (X, Y, Z) que permitan detectar giros.

No existe ninguna receta o esquema que indique cómo se debe proceder en cada caso. Cada problema tiene sus peculiaridades y debe tratarse individualmente. Determinar cuál es la solución mejor y más económica es tarea conjunta de los técnicos que participan en la intervención.

En cualquier caso, la elección del método e instrumentos a emplear dependerá de la exactitud con que se desee hacer la medición y de la magnitud de los movimientos a estudiar. Sería fatal emplear instrumentos de medida que quedaran fuera de uso por sobrepasar el movimiento el rango de la medida, o un procedimiento cuyo error fuese mayor que la magnitud que se pretende medir.

Finalmente, señalar que, en general, la observación y evaluación de las mediciones de control por métodos topográficos es más laboriosa que el trabajo requerido para los métodos mecánico-físicos, y la interpretación de sus resultados más difícil, existiendo el peligro de tomar como reales movimientos que, en verdad, no lo son y que se deben solo a pequeños e inevitables errores de observación.

VII.5.2. Inspección de muros

Los defectos de colocación o desplazamiento de los elementos de un muro pueden detectarse mediante la aplicación del método de intersección directa, tomando como base de la intersección un segmento AB situado en el suelo en las inmediaciones del muro y determinando las coordenadas planimétricas (x, y) de los extremos del muro y de los puntos de este que se quiera controlar.

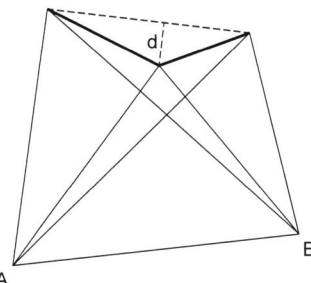

Conocidas las coordenadas indicadas, para saber si un punto determinado está desplazado, bastará comprobar mediante análisis matemático si se encuentra o no en la recta que pasa por los puntos extremos del muro.

También se podrá, mediante análisis matemático, cuantificar la desviación de un punto del muro respecto del plano teórico vertical de este. Bastará con determinar analíticamente la distancia de dicho punto a la recta definida por las coordenadas de los puntos extremos del muro.

Si la coronación del muro fuese accesible se podría, además, delimitar perfiles transversales mediante alineaciones trazadas con plomadas.

Un procedimiento menos sofisticado que el descrito, pero que también puede ofrecer buenos resultados, es el que se indica en la figura siguiente:

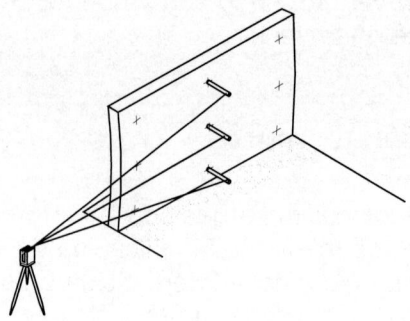

Lo que no se debe intentar, en ningún caso, es estacionar el instrumento en el mismo plano vertical que el muro, pues ello es prácticamente imposible.

VII.5.3. Control de aplomados

El procedimiento más general para controlar aplomados, el de un pilar por ejemplo, mediante topografía clásica consiste en determinar las coordenadas planimétricas (*x, y*) de una serie de puntos situados en su base y las de sus respectivos homólogos en la coronación. Las coordenadas se podrán obtener por radiación simple con estación total, por ejemplo o, si los puntos fuesen inaccesibles, mediante intersección directa.

El control vendrá dado por la coincidencia o no de las coordenadas de cada pareja de puntos homólogos.

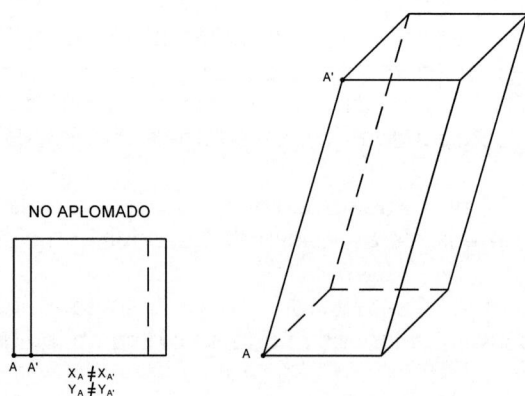

NO APLOMADO

$$X_A \neq X_{A'}$$
$$Y_A \neq Y_{A'}$$

Además del procedimiento anterior, existe la posibilidad de determinar el aplomo de un pilar por un procedimiento más simple, consistente en estacionar un taquímetro o estación total en sus inmediaciones, visar al pilar de forma que el hilo vertical del retículo coincida con una de sus aristas y recorrerla en toda su longitud mediante el campaneo del anteojo. Si en todo el recorrido el hilo no se separa de la arista, el aplomo será correcto.

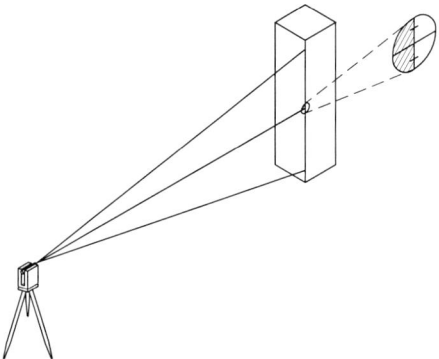

Mayor dificultad presenta el control del aplomado de un elemento cónico o tronco-cónico. En estos elementos no existen aristas teóricamente verticales y es muy difícil identificar parejas de puntos homólogos en base y coronación. Su posición vertical se puede controlar con el siguiente procedimiento:

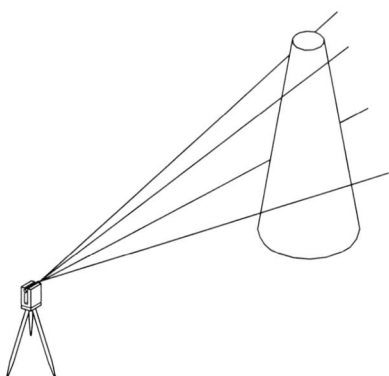

Se estaciona un taquímetro o estación total junto al elemento en cuestión. Se dirigen dos visuales tangentes al contorno de aquel en su base, anotando las respectivas lecturas angulares del círculo horizontal y se calcula, a partir de ellas, la lectura horizontal teórica correspondiente a la bisectriz de ángulo formado por las dos visuales[22].

Luego, se realiza la misma operación con visuales dirigidas a las tangentes al contorno en su parte superior. Si los valores angulares de las dos bisectrices coinciden, el elemento estará aplomado con respecto al plano vertical que pasa por el punto donde se ha estacionado el instrumento.

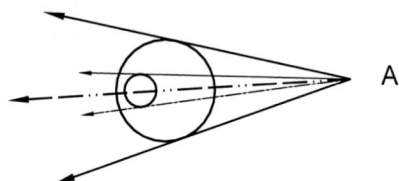

A

Para comprobar el aplomado respecto a otro plano vertical, bastará con trasladar el instrumento a otro punto de estación y repetir todo el proceso.

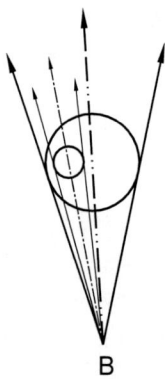

B

Si se comprueba que el elemento no está aplomado respecto de un determinado plano vertical, se podrá cuantificar su desviación colocando en su base una referencia horizontal y marcando sobre ella sendas señales correspondientes a las lecturas horizontales obtenidas para las dos bisectrices (la de las visuales de la base y la de las visuales de la

---

[22] La lectura teórica correspondiente a la bisectriz se obtiene mediante la semisuma de las lecturas obtenidas en la visuales tangentes.

coronación). La desviación buscada vendrá determinada por la separación entre las dos marcas.

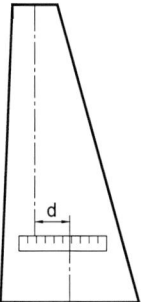

El mismo procedimiento permitirá controlar y cuantificar la excentricidad de un pilar respecto de otro.

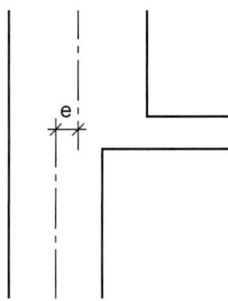

VII.5.4. Control de asientos

El procedimiento topográfico más adecuado para el control de asientos es la nivelación geométrica, o por alturas, observada con Nivel topográfico y mira de nivelación a partir de un punto fijo de control de cota conocida situado sobre el terreno.

Los distintos controles que puedan requerirse, distribución de asientos, asientos máximos, asientos diferenciales, flechas en jácenas o forjados, etc., se realizarán todos del mismo modo: nivelando los puntos a controlar a partir del punto fijo de control y comparando las cotas obtenidas entre sí, o con la del punto de control, según el caso.

El procedimiento descrito permite, además, determinar si un fenómeno es estático o dinámico. Una variación de cota entre dos observaciones temporales realizadas en un mismo punto indicará que el fenómeno en estudio continúa.

En la figura siguiente se muestra un sencillo sistema de control para detectar y cuantificar asientos diferenciales en las zapatas de una cimentación.

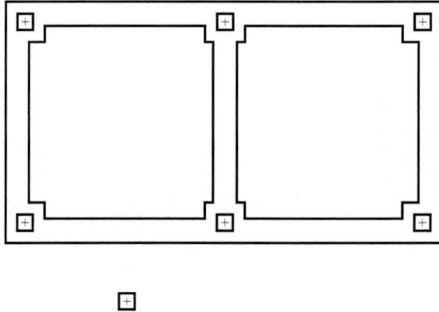

De similar sencillez es el sistema que se indica para la determinación de flechas en jácenas y forjados.

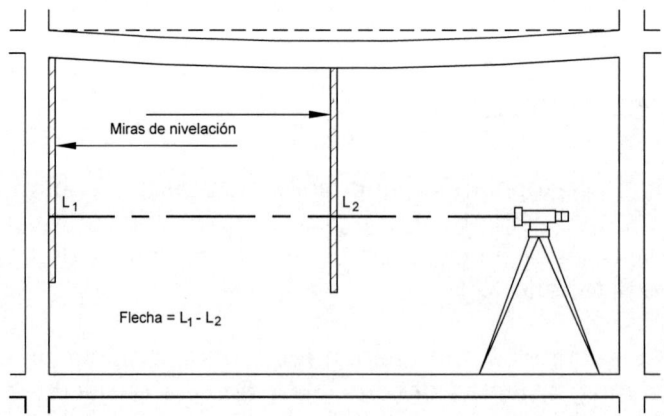

APÉNDICE

1. ÁNGULOS

Generalidades

Ángulo plano, o simplemente ángulo, es la porción de plano limitada por dos semirrectas concurrentes en un punto común. Las semirrectas que lo limitan son **lados** del ángulo. El punto común es el **vértice** del ángulo.

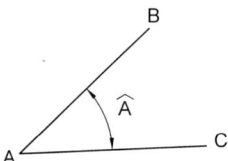

Un ángulo se designa por tres letras colocadas en un punto cualquiera de cada lado y el vértice. Cuando un ángulo está aislado, basta para indicarlo la letra del vértice. También se puede designar un ángulo por una letra o un número puesto entre sus lados.

Los ángulos se clasifican en: llanos, cóncavos y convexos.

Un **ángulo llano** es el que tiene sus lados en línea recta.

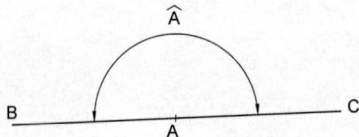

Un ángulo es **convexo** cuando prolongando sus lados más allá del vértice, las prolongaciones son exteriores al ángulo.

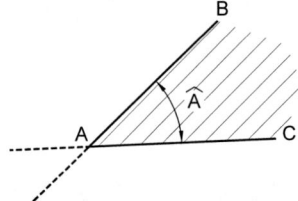

Un ángulo es **cóncavo** cuando prolongando sus lados más allá del vértice, las prolongaciones son interiores al ángulo.

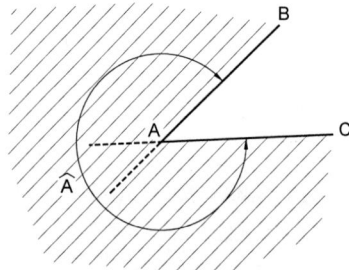

Mientras no se advierta lo contrario, al citar a un ángulo plano formado por dos semirrectas se entiende siempre el convexo y no el cóncavo.

Dos ángulos son **iguales** cuando colocados uno sobre otro, de modo que el vértice y un lado coincidan, los otros lados también coinciden.

Dos ángulos son **opuestos por el vértice** cuando tienen el vértice común y los lados de uno son prolongaciones de los lados del otro. Dos ángulos opuestos por el vértice son iguales.

Dos ángulos son **contiguos** cuando tienen el vértice y un lado comunes y ninguna semirrecta más.

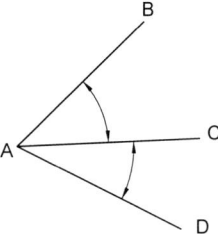

Para **sumar dos ángulos** cualesquiera, se hacen coincidir el vértice y un lado de ambos de modo que queden en posición de contiguos y se efectúa la suma de estos.

Varios ángulos tomados en un cierto orden son **consecutivos** cuando cada uno de ellos es contiguo del precedente.

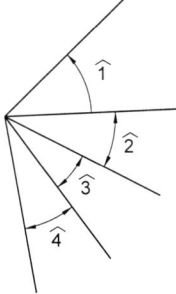

Al sumar varios ángulos consecutivos puede ocurrir que se llene una o varias veces el plano. Siempre que varios ángulos llenen todo el plano, se dice que forman un giro. Un **giro** es igual a la suma de dos ángulos llanos.

Dos ángulos son **adyacentes** cuando tienen el vértice y un lado comunes y los otros dos lados son prolongación el uno del otro. Su suma es un ángulo llano.

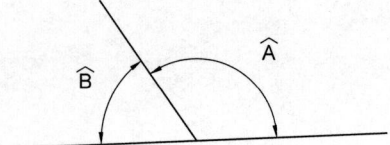

Si dos ángulos adyacentes son iguales entre sí, estos ángulos se llaman **rectos**.

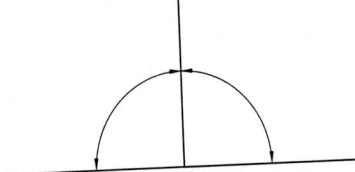

La suma de dos ángulos rectos es un ángulo llano.

Ángulo **oblicuo** es cualquiera de dos adyacentes desiguales. Los ángulos oblicuos se clasifican en agudos y obtusos. **Ángulo agudo** es el menor de un recto y **ángulo obtuso** es el mayor que un recto.

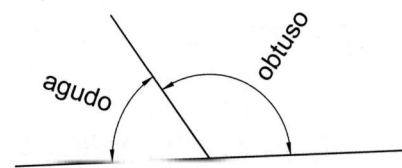

Se llaman ángulos **suplementarios** dos ángulos cuya suma es igual a dos rectos y **complementarios** dos ángulos cuya suma vale un recto. **Complemento** de un ángulo es lo que le falta, si es agudo, o lo que le sobra, si es obtuso, para valer un recto.

La medida de un ángulo se llama **amplitud**.

Ángulos en la circunferencia

Con relación a una circunferencia, se pueden considerar los siguientes ángulos: central, inscrito, interior y exterior.

Ángulo central en una circunferencia en la que tiene el vértice en el centro de la curva.

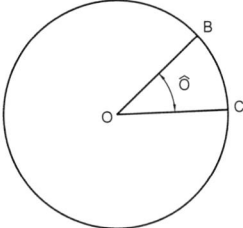

Arco correspondiente a un ángulo central es el contenido en el interior del ángulo. Tiene como extremos la intersección de los lados del ángulo con la circunferencia.

En una circunferencia los ángulos centrales son proporcionales a sus arcos correspondientes.

Tomando como unidad angular el ángulo correspondiente al arco unidad, el ángulo central tiene por medida la de su arco correspondiente.

Un ángulo llano tiene como medida la de la semicircunferencia.

Ángulo inscrito en una circunferencia es el formado por dos cuerdas que tienen un extremo común, o una cuerda y una tangente en uno de sus extremos.

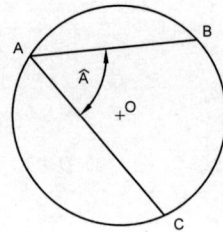

La medida de un ángulo inscrito es la mitad del arco comprendido entre sus lados.

Arco capaz de un ángulo dado es aquel cuyos ángulos inscritos son igual al dado. El arco capaz de un ángulo recto será una semicircunferencia.

Ángulo interior es el formado por dos cuerdas que se cortan en el interior de la circunferencia.

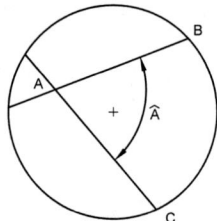

La medida de un ángulo interior es la semisuma de los arcos comprendidos entre sus lados y los lados del opuesto por el vértice.

Ángulo exterior es aquel cuyo vértice es exterior a la circunferencia y sus lados son dos secantes, dos tangentes o una secante y una tangente.

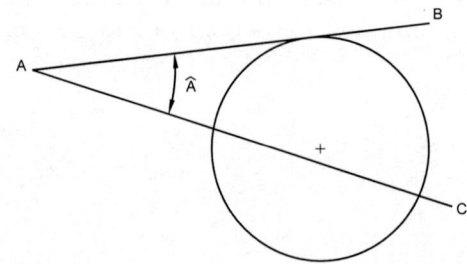

La medida de un ángulo exterior es la semidiferencia de los arcos comprendidos entre sus lados.

Unidades de medida de ángulos

La unidad SI (Sistema Internacional) de ángulo plano es el **radián**. El radián es: *"el ángulo plano comprendido entre dos radios de un círculo que, sobre la circunferencia de dicho círculo, interceptan un arco de longitud igual al radio".*

Se dice que un ángulo mide un radián (1rad) cuando, situado su vértice en el centro de una circunferencia, sus lados interceptan sobre esta una longitud de arco igual al radio.

Para establecer el valor de un ángulo en radianes, hay que dividir la longitud de arco que abarcan sus lados, por el radio de la circunferencia correspondiente.

$$\text{amplitud del ángulo en radianes} = \frac{\text{longitud del arco abarcado}}{\text{longitud del radio}}$$

De acuerdo con lo precedente, un ángulo central que abarque un arco igual a toda la longitud de una circunferencia medirá 2π radianes.

$$\frac{2\pi\, r\, (\text{longitud del arco})}{r\, (\text{radio})} = 2\pi\, \text{rad (amplitud del ángulo)}$$

Un ángulo central que abarque una semicircunferencia medirá π radianes y uno que abarque un cuadrante o ángulo recto medirá $\pi/2$ radianes.

Además del radián, el SI reconoce el uso de otras unidades de medida angular no incluidas en él, pero que juegan un papel importante y que están muy extendidas. Estas unidades, que se definen a partir de unidades SI, pero que no son múltiplos o submúltiplos decimales de dichas unidades, son el **grado centesimal** y el **grado sexagesimal** o simplemente **grado**.

El grado centesimal, cuyo símbolo es el **gon**, vale:

$$1 \, \text{gon} = \frac{\pi}{200} \text{rad} \tag{1}$$

De la expresión anterior se deduce que:

200 gon = π radianes (2)

En consecuencia, una ángulo central que abarque una semicircunferencia, cuyo valor ya se ha visto que es de π radianes, valdrá 200 gon. Uno que abarque una circunferencia completa, 2π rad, valdrá 400 gon, y uno que abarque un cuadrante valdrá 100 gon.

La igualdad (2) permite obtener la equivalencia entre radianes y gon:

$$\frac{200 \, \text{gon}}{\pi} = 1 \, \text{rad}$$

1 radian = 63,6620 gon

El SI no define submúltiplos de gon; no obstante, en la práctica suelen emplearse dos: las **centésimas de gon**, también llamadas minutos centesimales, que se indican mediante el símbolo 1^c; y las **diezmilésimas de gon**, llamadas también segundos centesimales, cuyo símbolo es 1^{cc}.

El grado sexagesimal o grado, cuyo símbolo es $1°$, vale:

$$1 \, \text{grado} = \frac{\pi}{180} \text{radianes} \tag{3}$$

En consecuencia, un ángulo central que abarque una semicircunferencia medirá $180°$. Uno que abarque una circunferencia completa, $360°$ y uno que abarque un cuadrante $90°$.

El grado tiene dos submúltiplos: **el minuto** ($'$) y el **segundo** ($''$). Su valor es:

$$1' = \frac{\pi}{10.800}\,\text{rad} \qquad\qquad 1'' = \frac{\pi}{648.000}\,\text{rad} \qquad\qquad (4)$$

De las igualdades (3) y (4) se infiere que **un grado tiene 60 minutos y un minuto 60 segundos**

La segunda igualdad de (4) permite obtener la equivalencia entre radianes y segundos:

$$\frac{648.000''}{\pi} = 1\,\text{rad}$$

1 radián = 206.265 segundos

Operaciones con sexagesimales

Suma de sexagesimales.- Para sumar dos sexagesimales, basta sumar las unidades de cada orden, sumando siempre unas con otras, las correspondientes al mismo orden.

Al hacer la suma de cada orden, puede resultar que las sumas de los segundos o de los minutos excedan de 60. En este caso, cuando las decenas de la suma exceden de 6, se divide dicho número por 6 y solo se escribe el resto, agregando el cociente a la suma de las unidades de orden inmediato superior.

Ejemplo:

$$
\begin{array}{rrr}
24° & 48' & 39'' \\
+\ 32° & 54' & 47'' \\
\hline
57° & 43' & 26'' \\
\end{array}
$$

Al sumar los segundos se obtiene 86 (8 decenas y 6 unidades). Al dividir el dígito de las decenas, 8, entre 6, se obtiene 1 de cociente y 2 de resto. El resto, 2, son decenas de segundos que se escriben. El cociente, 1, son unidades de orden superior, minutos en este caso, y se suma junto con 8 y 4 (1+8+4=13).

Con los minutos sucede lo mismo. Al sumarlos se obtiene 103 (10 decenas y 3 unidades). 10 dividido entre 6 da 1 de cociente y 4 de resto. El resto 4, son decenas de minutos. El cociente, 1, se suma a las unidades de orden superior, en este caso los grados (1+4+2=7).

Sustracción de sexagesimales.- Se procederá restando a cada orden del minuendo los del mismo orden del sustraendo. Si el número de unidades de uno de los órdenes del minuendo fuese menor que las correspondientes del sustraendo, se aumentan las decenas del minuendo en 6 unidades, agregando después una unidad al orden siguiente del sustraendo.

Ejemplo:

$$
\begin{array}{rr}
49° & 18´ \\
- \ 23° & 45´ \\
\hline
25° & 33´
\end{array}
$$

Al tratar de restar las decenas de los minutos, la cifra del minuendo, 1, es menor que la del sustraendo, 4. Por ello, se aumentan las decenas del minuendo en 6, resultando 6+1-4=3. Al restar los grados, se agrega 1 a la cifra de las unidades, 3+1= 4, que se resta de 9, resultando 5.

Expresar en segundos un ángulo dado en grados, minutos y segundos.- Se transformará el número de grados a minutos multiplicando los grados por 60. Al resultado se le sumarán los minutos del ángulo. La cantidad resultante se multiplicará de nuevo por 60. Por último, al resultado obtenido se sumarán los segundos que tenía el ángulo dado.

Ejemplo: Expresar en segundos el ángulo: 32° 49´ 22´´.

$$(32 \times 60) + 49 = 1969´$$

$$(1969 \times 60) + 22 = 118162´´$$

32° 49´ 22´´= 118.162´´

Expresar en grados un ángulo dado en grados, minutos y segundos.- Se dividirá por 60 el número de minutos y por 3600 el de segundos. Por último, se sumarán ambos cocientes al número de grados.

Ejemplo:

Expresar en grados el ángulo: 12° 34′ 56″.

$$34′: 60 = 0,566666$$

$$56″ : 60 = 0,015555$$

$$12 + 0,566666 + 0,015555 = 12,582222$$

12° 34′ 56″ = 12,582222°

Expresar en grados, minutos y segundos un ángulo dado en segundos.- Se dividirá por 60 el número de segundos. El resto de la división son los segundos del ángulo buscado. El cociente de la división, que son minutos, se dividirá nuevamente por 60. El resto de esta división son los minutos del ángulo pedido. El cociente es el número de grados.

Ejemplo:

Expresar en grados, minutos y segundos el ángulo: 535354″.

$$535354″ : 60 = 8922′ \text{de cociente y } 34″ \text{ de resto}$$

$$8922′: 60 = 148° \text{ de cociente y } 42′ \text{de resto}$$

535354″ = 148° 42′ 34″

Cambio de unidades angulares

Expresar en graduación sexagesimal un ángulo dado en centesimales.- Sea *A gon* el ángulo centesimal dado que se quiere expresar en sexagesimales. Puesto que, según se ha visto, un ángulo que abarque un cuadrante vale 90° o 100 gon, se puede establecer la relación siguiente:

Si 100 gon equivalen a 90°

A gon equivaldrán a x°

Resultando:

$$x° = \frac{90 \cdot A}{100} = 0,9\,A \qquad (1)$$

Por consiguiente, para expresar en centesimales un grado dado en sexagesimales, bastará con multiplicar este por 0,9.

<u>Ejemplo:</u>

Expresar en graduación sexagesimal el ángulo, 73,240942 gon.

Aplicando lo dicho, y operando, resulta:

73,240942 gon.= 65,9168748°

Si el ángulo resultante se quisiera expresar en grados, minutos y segundos, habría que hacer las oportunas transformaciones, dando como resultado final:

73,240942 gon.= 65° 55′ 00,75′′

<u>Expresar en graduación centesimal un ángulo dado en sexagesimales.-</u> En este caso, es de aplicación la misma relación que se estableció en el caso anterior, con la salvedad de que ahora el término conocido es x° y el desconocido A gon. Despejando este y operando, resulta:

$$A\,gon = \frac{10}{9}\,x° \qquad (2)$$

<u>Ejemplo:</u>

Expresar en grados centesimales el ángulo: 40° 39′ 28,3′′.
En primer lugar, hay que expresar en grados al ángulo dado. Hechas las oportunas operaciones resulta:

$$40°\ 39′\ 28,3′′ = 40,65786°$$

Por último, aplicando la relación (2), se obtiene:

40° 39′ 28,3′′= 45,1754 gon

Expresar en centesimales un ángulo dado en segundos sexagesimales y viceversa.- Partiendo de la equivalencia:

$$1 \; cuadrante = 100 \; gon = 90° = 324.000''$$

Se obtiene:

$$1 gon = 3.240''$$

En consecuencia, para expresar en graduación centesimal un ángulo dado en segundos sexagesimales, bastará dividir el número de estos por 3.240.

Recíprocamente para expresar en segundos sexageximales un ángulo dado en centesimales, bastará multiplicar el número de gon por 3.240.

Ejemplos:

1- Expresar en graduación centesimal el ángulo 206.265''.

$$206265'' : 3240 = 63,6620 \; gon$$

206.265'' = 63.6620 gon

2- Expresar en segundos el arco 63,6620 gon

$$63,6620 \times 3240 = 206.265''$$

2. TRIGONOMETRÍA

La trigonometría es la parte de las Matemáticas que trata del cálculo de los elementos de los triángulos.

Elementos de un triángulo

Triángulo es una parte del plano limitada por tres segmentos rectilíneos. Sus elementos principales son seis: **tres lados y tres ángulos**.

Lados del triángulo son los tres segmentos rectilíneos que lo limitan.

Ángulo del triángulo es el formado por dos de sus lados.

Vértices del triángulo son los de sus ángulos.

Lado opuesto a un ángulo es el que no es lado de dicho ángulo.

Los vértices de un triángulo se suelen designar por tres letras mayúsculas, por ejemplo, A, B y C. Los lados se designan por sus extremos o por letras minúsculas correspondientes al vértice opuesto. Los ángulos se designan por la letra del vértice con el signo de ángulo (∧).

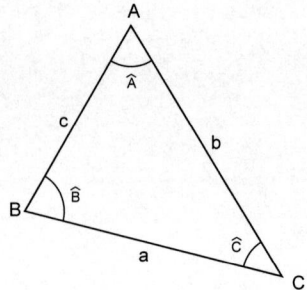

El triángulo se designa por las letras de sus vértices. Así, ABC es el triángulo cuyos vértices son A, B y C.

Base de un triángulo es uno cualquiera de sus lados. **Altura** es la perpendicular trazada a la base, o su prolongación, desde el vértice opuesto.

Los triángulos se clasifican, con relación a sus lados, en equiláteros, isósceles y escalenos. Un triángulo es **equilátero** si tiene sus tres lados iguales, **isósceles**, si tiene dos lados iguales, y **escaleno**, si sus tres lados son desiguales.

En relación con sus ángulos, los triángulos se clasifican en rectángulo, acutángulo y obtusángulo. Un triángulo es **rectángulo**, si uno de sus ángulos es recto. **Acutángulo** si sus tres ángulos son agudos, y **obtusángulo** si tiene un ángulo obtuso.

Rectángulo   Acutángulo   Obtusángulo

En un triángulo rectángulo se llama **hipotenusa** al lado opuesto al ángulo recto, y **catetos** a los otros dos.

Razones trigonométricas de un triángulo rectángulo

Se denominan razones trigonométricas las relaciones que se pueden establecer en un triángulo rectángulo entre dos lados y un ángulo agudo.

Dado un triángulo rectángulo ABC, rectángulo en A, y un ángulo agudo, $\hat{B}$, del mismo. Se llama:

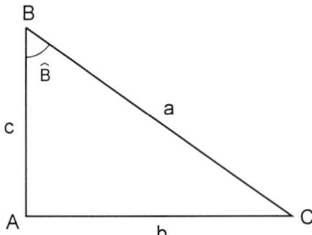

SENO de dicho ángulo, a la relación que existe entre el cateto opuesto a dicho ángulo y la hipotenusa:

$$\operatorname{sen} \hat{B} = \frac{b}{a}$$

COSENO, a la relación que existe entre el cateto contiguo a dicho ángulo y la hipotenusa:

$$\cos \hat{B} = \frac{c}{a}$$

TANGENTE, a la relación que existe entre el cateto opuesto al ángulo y el cateto contiguo:

$$\operatorname{tag} \hat{B} = \frac{b}{c}$$

Se consideran, además, otras tres razones que son inversas de las anteriores:

COSECANTE, que es la relación inversa del seno:

$$\operatorname{cosec} \hat{B} = \frac{1}{\operatorname{sen} \hat{B}} = \frac{a}{b}$$

SECANTE, *relación inversa del coseno:*

$$\sec \hat{B} = \frac{1}{\cos \hat{B}} = \frac{a}{c}$$

COTANGENTE, *que es la relación inversa de la tangente:*

$$\operatorname{costag} \hat{B} = \frac{1}{\operatorname{tag} \hat{B}} = \frac{c}{b}$$

Resolución de triángulos rectángulos

En general, un triángulo queda definido cuando se conoce el valor de tres de sus elementos, de los cuales al menos uno debe ser un lado.

Dados los elementos suficientes para que un triángulo quede definido, resolverlo es encontrar los valores de sus elementos desconocidos.

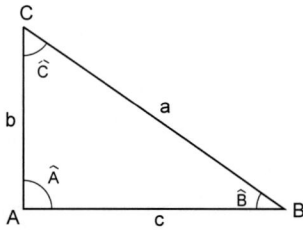

La resolución de triángulo rectángulos se basa en los teoremas siguientes:

Suma de los ángulos de un triángulo: La suma de los tres ángulos de un triángulo es igual a dos rectos.

$$\hat{A} + \hat{B} + \hat{C} = 180° = 200 \operatorname{gon} = \pi \operatorname{rad}$$

Suma de los ángulos agudos de un triángulo rectángulo:

$$\hat{B} + \hat{C} = 90° = 100 \,\text{gon} = {}^{\pi}\!/_{2}\,\text{rad}$$

Un cateto es igual a la hipotenusa por el seno del ángulo opuesto o por el coseno del contiguo:

$$b = a \cdot \text{sen}\,\hat{B} = a \cdot \cos \hat{C}$$

Un cateto es igual al otro cateto por la tangente del ángulo opuesto o por la cotangente del contiguo:

$$b = c \cdot \text{tag}\,\hat{B} = c \cdot \text{cotag}\,\hat{C}$$

Teorema de Pitágoras.- *En todo triángulo rectángulo, el cuadrado de la hipotenusa es igual a la suma de los cuadrados de los catetos:*

$$a^2 = b^2 + c^2$$

CASOS DE RESOLUCIÓN DE TRIÁNGULOS RECTÁNGULOS.- En los triángulos rectángulos siempre se conoce un ángulo, el recto; por lo tanto, para resolverlos bastará con conocer dos elementos más: un lado y un ángulo, o dos lados.

Se pueden presentar cuatro casos, conocer:

1º. La hipotenusa y un ángulo agudo.
2º. La hipotenusa y un cateto.
3º. Un cateto y un ángulo agudo.
4º. Los dos catetos.

Primer caso.- Resolver un triángulo rectángulo conociendo la hipotenusa y un ángulo agudo.

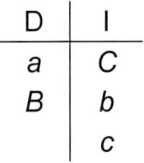

D	I
a	C
B	b
	c

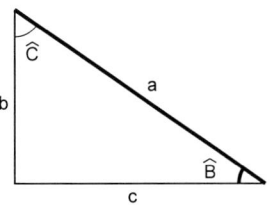

Solución:

$$\hat{C} = 90° - \hat{B}$$

$$b = a \cdot \text{sen}\,\hat{B}\;; \qquad\qquad c = a \cdot \cos\hat{B}$$

Segundo caso.- Resolver un triángulo rectángulo conociendo la hipotenusa y un cateto.

D	I
a	B
b	C
	c

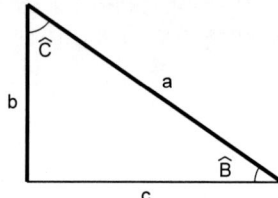

Solución:

$$\hat{B} = \text{arcsen}\,\frac{b}{a}\;; \qquad\qquad \hat{C} = 90° - \hat{B}$$

$$c = \sqrt{a^2 - b^2}$$

<u>Tercer caso.-</u> Resolver un triángulo rectángulo conociendo un cateto y un ángulo agudo.

D	I
b	C
B	a
	c

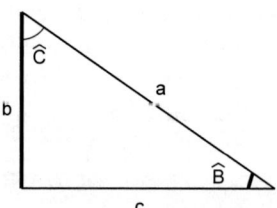

Solución:

$$\hat{C} = 90° - \hat{B}$$

$$a = \dfrac{b}{\operatorname{sen} B}\,;\qquad\qquad c = \dfrac{b}{\operatorname{tag} B}$$

Cuarto caso.- Resolver un triángulo rectángulo conociendo los dos catetos.

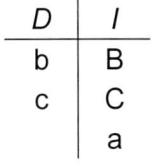

D	I
b	B
c	C
	a

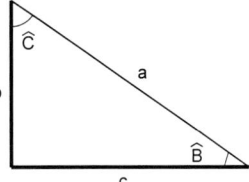

Solución:

$$\hat{B} = \operatorname{arctag}\dfrac{b}{c}\,;\qquad\qquad C = 90° - \hat{B}$$

$$a = \sqrt{b^2 + c^2}$$

Resolución de triángulos cualesquiera

Se basa en los siguientes teoremas:

Teorema de los senos: En todo triángulo los lados son proporcionales a los senos de los ángulos opuestos.

$$\dfrac{a}{\operatorname{sen} A} = \dfrac{b}{\operatorname{sen} B} = \dfrac{c}{\operatorname{sen} C}$$

Teorema del coseno: En todo triángulo el cuadrado de un lado es igual a la suma de los cuadrados de los otros dos menos dos veces el producto de estos lados por el coseno del ángulo que forman.

$$a^2 = b^2 + c^2 - 2 \cdot b \cdot c \cdot \cos \hat{A}$$

$$b^2 = a^2 + c^2 - 2 \cdot a \cdot c \cdot \cos \hat{B}$$

$$c^2 = a^2 + b^2 - 2 \cdot a \cdot b \cdot \cos \hat{C}$$

CASOS DE RESOLUCIÓN DE TRIÁNGULOS CUALESQUIERA.- Se pueden presentar cuatro casos, conocer:

1º. Un lado y los dos ángulos adyacentes.
2º. Dos lados y el ángulo opuesto a uno de ellos.
3º. Dos lados y el ángulo comprendido.
4º. Los tres lados.

<u>Primer caso.-</u> Resolver un triángulo conociendo un lado y los dos ángulos adyacentes.

D	I
c	C
A	a
B	b

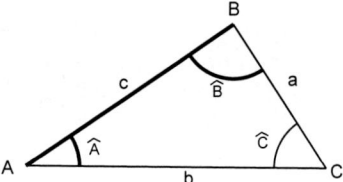

Solución:

$$\hat{C} = 180° - (\hat{A} + \hat{B})$$

$$a = c \frac{\operatorname{sen} A}{\operatorname{sen} C} \; ; \qquad\qquad b = c \frac{\operatorname{sen} B}{\operatorname{sen} C}$$

<u>Segundo caso.-</u> Resolver un triángulo conociendo dos lados y el ángulo opuesto a uno de ellos.

D	I
a	B
b	C
A	c

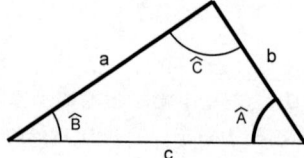

Solución:

$$\hat{B} = \text{arcsen}\frac{b\,\text{sen A}}{a}\,; \qquad\qquad \hat{C} = 180^\circ - (\hat{A} + \hat{B})$$

$$c = a\frac{\text{sen C}}{\text{sen A}}$$

Tercer caso.- Resolver un triángulo conociendo dos lados y el ángulo comprendido.

D	I
a	A
b	B
C	c

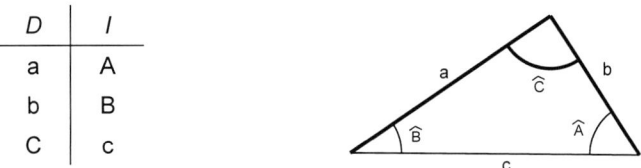

Solución:

Los ángulos $\hat{A}$ y $\hat{B}$ se obtienen resolviendo el sistema de dos ecuaciones con dos incógnitas constituidos por las igualdades siguientes:

$$\hat{A} + \hat{B} = 180^\circ - \hat{C}$$

$$\hat{A} - \hat{B} = 2\,\text{arctag}\left(\frac{a-b}{a+b}\,\text{tag}\frac{1}{2}\left(\hat{A} + \hat{B}\right)\right)$$

Una vez calculados los ángulos, se obtiene el lado c:

$$c = a\frac{\text{sen C}}{\text{sen A}}$$

Cuarto caso.- Resolver un triángulo conociendo los tres lados.

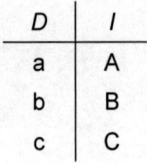

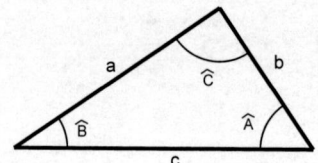

Solución:

Los ángulos se hallan a partir del teorema del coseno:

$$\hat{A} = arc\, cos \left(\frac{b^2 + c^2 - a^2}{2 \cdot b \cdot c} \right)$$

$$\hat{B} = arc\, cos \left(\frac{a^2 + c^2 - b^2}{2 \cdot a \cdot c} \right)$$

$$\hat{C} = arc\, cos \left(\frac{a^2 + b^2 - c^2}{2 \cdot a \cdot b} \right)$$

Área de un triángulo

Partiendo de la fórmula geométrica del área de un triángulo:

$$S = \frac{1}{2} base \times altura$$

las razones trigonométricas permiten deducir diversas fórmulas para calcular el aérea según los casos:

Primer caso.- Se conocen dos lados, b c y el ángulo comprendido, $\hat{A}$.

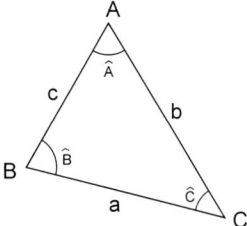

El área es igual al semiproducto de los lados por el seno del ángulo que forman.

$$S = \frac{1}{2} b \cdot c \cdot \text{sen } \hat{A}$$

Segundo caso.- Se conoce un lado, c, y los ángulos adyacentes, $\hat{A}$ y $\hat{B}$.

$$S = \frac{c^2 \cdot \text{sen A} \cdot \text{sen B}}{2 \cdot \text{sen (A + B)}}$$

Tercer caso.- Se conocen dos lados, a, b, y el ángulo $\hat{A}$ opuesto a uno de ellos.

$$S = \frac{a \cdot b \cdot \text{sen A}}{2}$$

Cuarto caso.- Se conocen los tres lados, a, b, c.

$$S = \sqrt{p\,(p-a)\,(p-b)\,(p-c)}$$

siendo p el semiperímetro:

$$p = \frac{a + b + c}{2}$$

3. SISTEMAS DE REFERENCIA EN EL PLANO

Sistema cartesiano rectangular

Dos rectas, XX´, YY´, que se cortan perpendicularmente en un punto O, forman un sistema cartesiano rectangular de referencia. Las rectas XX´ e YY´ constituyen los ejes del sistema.

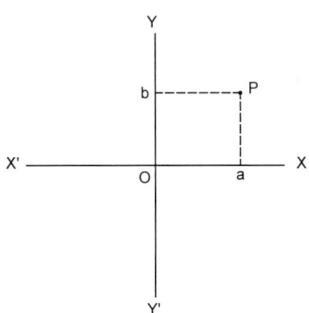

Para determinar la posición de un punto P en el plano, se trazan por él dos rectas perpendiculares, respectivamente, a los ejes XX´ e YY´. Sean a y b los puntos de corte de las citadas perpendiculares con los ejes cartesianos.

La posición en el plano del punto P quedará perfectamente determinada si se conocen las distancias Oa y Ob. A estas distancias se las designa con el nombre de **coordenadas cartesianas**, se las llama, respectivamente, **abscisa** y **ordenada** y se las designa con las letras **x** e **y**, respectivamente.

Las coordenadas pueden ser positivas o negativas. Se ha convenido que las abscisas positivas se cuenten a partir del origen hacia la derecha y las negativas hacia la izquierda. Las ordenadas positivas hacia arriba y las negativas hacia abajo.

Un punto situado en el eje XX´ tiene la ordenada nula. Un punto situado en el eje YY´ tiene la abscisa nula. El origen O, por estar situado en los dos ejes, tiene nulas sus coordenadas.

Sistema polar de referencia

Consiste el sistema en una semirrecta OM, llamada **eje polar**, limitada en el punto O, llamado **polo**.

Un punto P del plano quedará perfectamente situado si se conocen la distancia OP del origen al punto P, y el ángulo α que forma la recta OP con el eje OM.

La distancia OP y el ángulo α son las coordenadas polares del punto P. Se denominan **módulo o radio vector** y **argumento o ángulo polar**, respectivamente.

Transformación de coordenadas

De polares a cartesianas rectangulares.- En principio, para poder hacer la transformación, es necesario que el sistema cartesiano rectangular tenga como origen el polo, O, y su eje YY′ coincida con el eje polar, OM.

Cumplidos los requisitos necesarios, para obtener las coordenadas rectangulares de un punto P de coordenadas polares r y α conocidas, bastará aplicar las fórmulas:

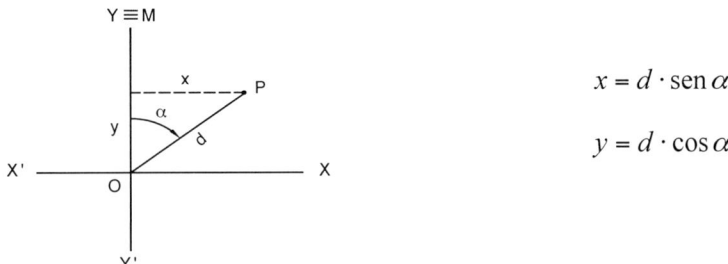

$$x = d \cdot \operatorname{sen} \alpha$$

$$y = d \cdot \cos \alpha$$

De cartesianas rectangulares a polares.- Dadas las coordenadas cartesianas x, y, de un punto P, se pueden obtener sus coordenadas polares, r, α, referidas a un sistema polar constituido por el eje OY como eje polar y el punto O como polo.

$$d = \sqrt{x^2 + y^2}$$

$$\alpha = \operatorname{arc} \operatorname{tag} \frac{x}{y}$$

De un sistema cartesiano a otro.- Dadas las coordenadas cartesianas, x, y, de un punto P referidas a un determinado sistema rectangular, es posible obtener unas nuevas coordenadas de P referidas a un segundo sistema. Para ello, es necesario que los ejes del segundo sistema sean respectivamente paralelos a los del primero, y que se conozcan las coordenadas a, b, del origen del primer sistema respecto del segundo. Las nuevas coordenadas X_P, Y_P del punto P serán:

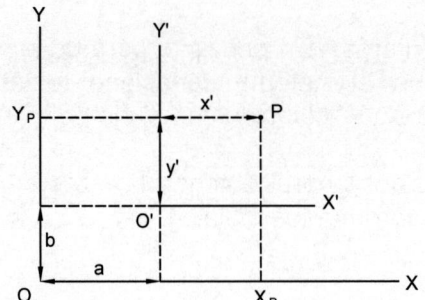

$$X_P = x' + a$$

$$Y_P = y' + b$$

4. LAS MEDIDAS Y SUS ERRORES

Precisión y exactitud

Medir es la operación consistente en comparar una magnitud con su respectiva unidad, con el fin de averiguar cuántas veces la primera contiene a la segunda.

Cuando se trata sobre mediciones y sus resultados, es conveniente empezar definiendo los conceptos de precisión y exactitud, ya que normalmente se confunden.

La **precisión** expresa la **reproductividad** de una medida. Es decir, la concordancia entre varias medidas de una misma magnitud. La precisión indica el grado de perfección con que se ha hecho una medida.

La exactitud es la **corrección** de una medida. Es decir, la concordancia entre dicha medida y el verdadero valor de la magnitud medida.

Las medidas pueden ser precisas sin ser necesariamente exactas. En efecto, si se mide una longitud con gran cuidado, aproximando hasta el milímetro con una cinta y se obtiene una gran concordancia entre los valores obtenidos, las medidas serán precisas. Pero si la cinta empleada tiene menor longitud de la que debía tener, la medición no será exacta.

Concepto de Error. Errores absoluto y relativo

Las medidas realizadas experimentalmente se obtienen inevitablemente afectadas de cierta inexactitud, por lo que siempre habrá diferencia entre el valor verdadero de la magnitud medida y el valor obtenido en la medida.

Se denomina **Error absoluto**, E, a la diferencia entre un valor, O, obtenido en una medida, y el verdadero valor, V, de la magnitud medida.

$$E = O - V$$

El error absoluto es poco significativo. Tiene mayor significación práctica el **error relativo**, E/V.

Ejemplo

Si se han medido tres magnitudes de 10, 100 y 1000 metros de longitud, y se han obtenido unos valores de 11, 101 y 1001, respectivamente, es evidente que las tres medidas están afectadas del mismo error absoluto.

```
Valor obtenido (O)..............11.......... 101.............1001
Valor verdadero (V)............10.......... 100.............1000
Error absoluto (O-V)...........  1..........   1.............    1
```

$$\text{Error relativo} \left(\frac{O - V}{V} \right) .... \ 1/10....... \ 1/100........ \ 1/1000$$

Error relativo en %................ 10%.........1%.......... 0,1%

Aunque el error absoluto de las medidas es el mismo en las tres, una unidad, los errores relativos son muy diferentes. Un pequeño error relativo indica una buena exactitud de la medida.

Errores sistemáticos y accidentales

Los errores que afectan a los resultados de las mediciones pueden ser de dos tipos: sistemáticos y accidentales.

Se denominan **errores sistemáticos** los errores constantes que proceden de una causa permanente que los produce según una ley conocida y que, por ello, son susceptibles de poder aplicar correcciones. Los errores sistemáticos son inherentes al equipo utilizado y al método empleado en la medición. Son todos del mismo signo y magnitud, circunstancia esta que hace que no se pongan de manifiesto en forma de falta de precisión.

Se **llaman errores accidentales** los debidos a causas fortuitas. Siguen la ley de la probabilidad y constituyen errores al azar. La propia naturaleza de estos errores hace imposible conocer su verdadera magnitud, lo que impide que puedan corregirse. Se ponen de manifiesto en forma de falta de precisión.

Errores verdadero y aparente

El error que se ha definido como la diferencia entre el valor verdadero de una magnitud medida y el valor obtenido en la medida, es el **error verdadero** de la medida.

El error verdadero de una medición siempre es desconocido, ya que es imposible conocer el verdadero valor de la magnitud que se mide. Por ello, en la práctica lo que se hace es comparar el valor obtenido con un valor, que sin ser exacto, sea el valor más probable de la magnitud medida. La diferencia entre ambos es el error denominado **error aparente**. Los errores aparentes son los únicos que se pueden conocer.

Valor más probable de una magnitud medida

Admitida la imposibilidad de obtener el verdadero valor de una magnitud, las aspiraciones de un medidor quedan limitadas a obtener un valor lo más aproximado posible. La aproximación obtenida dependerá del modo de hacer la medición y del número de comprobaciones que se hagan.

Al hacer un cierto número de mediciones de una magnitud se obtiene un conjunto de valores diferentes entre sí. Si las medidas se han realizado en idénticas condiciones se admite como valor más probable, M, de la magnitud medida la media aritmética de los valores obtenidos.

$$M = \frac{m_1 + m_2 + m_3 + \cdots + m_n}{n}$$

Indicadores de dispersión

La dispersión es el grado en que los valores de una serie de medidas de una misma magnitud tienden a extenderse alrededor de su promedio. Es importante conocer la dispersión de una serie de medidas. Un valor pequeño de dispersión indica gran concordancia entre los valores de las medidas y, por consiguiente, un alto grado de precisión en ellas.

Los indicadores de dispersión más comunes son:

Desviación absoluta (D) o residuo de un valor de la serie es la diferencia entre ese valor y el promedio de la serie.

$$D_i = (m_i - M)$$

La desviación absoluta es el error aparente absoluto de la medida en cuestión.

De mayor significación práctica es la **desviación relativa**, d_R, que expresa en tantos por ciento el valor de la desviación absoluta D respecto del promedio M.

$$d_R = \frac{D}{M} 100$$

La desviación relativa es el error aparente relativo de un valor de una serie de medidas. Una pequeña desviación relativa indica una buena precisión de una medida.

- **Desviación media** es la media aritmética de los valores absolutos de las desviaciones.

$$d_M = \frac{|m_1 - M| + |m_2 - M| + |m_3 - M| + \cdots + |m_n - M|}{n}$$

310

- **Desviación típica**, σ, también denominada *desviación estándar* y *error medio cuadrático*, estadísticamente se define como la raíz cuadrada de la media aritmética de los cuadrados de las desviaciones. Sin embargo, cuando se trata valores correspondientes a una serie de medidas, se obtiene mediante la expresión:

$$\sigma = \sqrt{\frac{(m_1 - M)^2 + (m_2 - M)^2 + (m_3 - M)^2 + \cdots + (m_n - M)^2}{n-1}}$$

- **Error cuadrático de la media**, e_C^M. Es el valor de la desviación estándar dividido por $\sqrt{n}$. En definitiva:

$$e_C^M = \sqrt{\frac{(m_1 - M)^2 + (m_2 - M)^2 + (m_3 - M)^2 + \cdots + (m_n - M)^2}{n(n-1)}}$$

Error máximo

Se denomina error máximo (e_M) el error cuya probabilidad de no ser sobrepasado es del 99%. Su valor es:

$$e_M = 2,5\,\sigma$$

Ello implica que, si una medición está definida por un cierto error medio cuadrático, el verdadero valor de la magnitud medida estará dentro del límite de 2,5 veces el error medio cuadrático 99 veces de cada 100 que se mida.

Si después de una serie de medidas de una misma magnitud se calcula el error medio cuadrático cometido, deberán desecharse por defectuosas aquellas cuyas desviaciones excedan en dos veces y media al citado error.

Ejemplo

Con la serie de 7 medidas de longitud que figuran en el cuadro siguiente, calcular el valor más probable de la serie, los indicadores de dispersión: desviación estándar y error cuadrático de la media, y el valor definitivo de la medida.

Medidas	Desviación $(m_i - M)$	$(m_i - M)^2$
14,328	+ 0,001	0,000001
14,329	+ 0,002	0,000004
14,329	+ 0,002	0,000004
14,325	- 0,002	0,000004
14,325	- 0,002	0,000004
14,327	0	0
14,326	- 0,001	0,000001
100,289	0	0,000014

Sumas

Valor más probable:

$$M = \frac{100,291}{7} = 14,327$$

Desviación estándar:

$$\sigma = \sqrt{\frac{0,000014}{6}} = 0,001732$$

Error máximo:

$$2,5 \times 0,001732 = 0,00433$$

(Al no haber ninguna desviación mayor que el error máximo, no hay que desechar por defectuosa ninguna medida).

Error cuadrático de la media:

$$e_C^M = \frac{0,001732}{\sqrt{7}} = 0,000654$$

Valor definitivo de la medida y precisión:

$$14,327 \pm 0,0006$$

Transmisión de errores

Caso de una suma o diferencia.- Cuando se tiene una magnitud suma o diferencia de otras varias *A, B, C, etc.*, obtenidas todas ellas con un mismo error, $\in$, el error total $(\in_T)$ de la magnitud suma o diferencia de las otras, se expresa por la fórmula:

$$\in_T = \in \sqrt{n}$$

siendo *n* el número de magnitudes que intervienen en la suma o diferencia.

Caso de una medida en la que intervengan varios errores.- Cuando al efectuar una medida intervienen en ella varias causas de error, el error de la medida $(\in)$ es igual a la raíz cuadrada de la suma de los cuadrados de los errores individuales.

$$\in = \sqrt{e_1^{\,2} + e_2^{\,2} + e_3^{\,2} + \cdots}$$

Caso de una media aritmética.- Cuando se tengan *n* medidas de una magnitud, afectadas todas ellas de un mismo error $(\in)$, el error total de la media de dichas medidas será:

$$\in_T = \frac{\in}{\sqrt{n}}$$

Interpolación

Interpolar es la operación que consiste en determinar, a partir de una serie estadística sucinta con valores muy espaciados, nuevos valores correspondientes a un carácter intermedio, para los que no se ha efectuado ninguna medida.

La interpolación puede ser gráfica o numérica. La primera consiste en representar gráficamente la serie y obtener sobre ella los valores buscados.

La interpolación analítica consiste en determinar los valores buscados mediante el cálculo numérico.

Error de interpolación en un instrumento de medida es el error cometido en la apreciación de la posición del indicador sobre dos trazos o marcas de la graduación.

El nonio decimal

Al realizar una medida con un instrumento en el que se obtiene el valor de esta cifrando la posición de un indicador sobre una escala graduada, puede suceder que el indicador no coincida exactamente con una división de la escala. Será preciso, entonces, aquilatar a estima el valor de la fracción de escala que haya entre el indicador y la división anterior. Esta operación conlleva una subjetivación del resultado de la medida y, por consiguiente, un aumento de su imprecisión.

El nonius o nonio es un dispositivo que, acoplado a una escala graduada, facilita la lectura de fracciones de dicha escala, evitando la necesidad de apreciar a estima sus valores y aumentando, por tanto, la precisión de la medida. Forma parte de diversos instrumentos de medida, así como de algunos aparatos topográficos y astronómicos.

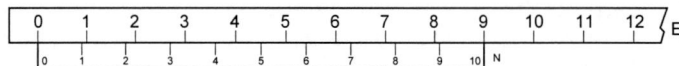

Consiste en una reglilla graduada, N, que puede deslizarse a lo largo de una regla fija o escala principal, E. Para graduar la reglilla, se toma una longitud igual a n divisiones de la escala principal y se divide en $n + 1$ partes. Cuando se toman 9 divisiones de la escala principal y se dividen en 10 partes iguales, el nonio se denomina **decimal**.

Un nonio decimal permite cifrar medidas con aproximación de décimas de la menor división de la escala principal. Su empleo es sencillo:

Para medir la longitud de un objeto, el *C* por ejemplo, se coloca el instrumento de medida sobre el objeto de forma que el cero de la escala principal, *E,* coincida con uno de sus extremos. Luego se desliza la reglilla *N* del nonio hasta que su cero coincida con el otro extremo, *d*, del objeto.

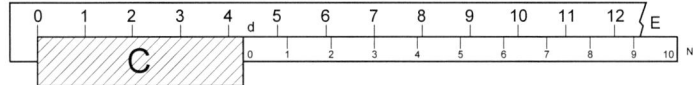

La longitud del objeto *C* será, en este caso, 4 unidades de la escala principal más la fracción de unidad comprendida entre el trazo 4 de dicha escala y el extremo *d*. Esta fracción es la que cifra el nonio en décimas. Su número, el de décimas, lo indica el trazo de la escalilla del nonio que *coincida exactamente* con uno de la escala principal. En este caso es el trazo 3 del nonio el que coincide exactamente con el 7 de la escala principal. Por consiguiente, la fracción buscada valdrá 3 décimas. Resultando la medida total: 4,3 unidades.

5. NOCIONES DE ÓPTICA

Reflexión y refracción de la luz

La luz se propaga en línea recta a través de un medio mientras este no cambie de densidad o de composición química. Cuando el rayo de luz encuentra una superficie de separación entre dos medios de distinta densidad, sufre un cambio de dirección. Si la nueva trayectoria del rayo no atraviesa la superficie de separación de los dos medios, continuando en el primer medio, se produce una **reflexión**.

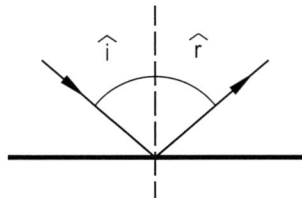

Cuando un rayo de luz se refleja, el ángulo de incidencia del rayo es igual al ángulo de reflexión.

$$\hat{i} = \hat{r}$$

Cuando un rayo de luz atraviesa la superficie de separación entre dos medios de distinta densidad y penetra en el segundo medio, se dice que se ha producido una **refracción**.

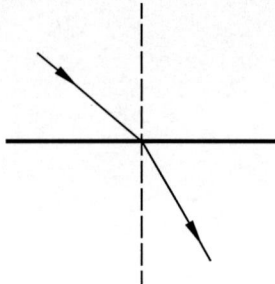

Cuando un rayo de luz se refracta, la relación entre los senos de los ángulos de incidencia y refracción es constante para los dos medios determinados.

$$\frac{\text{sen } i}{\text{sen } r} = K$$

El cociente K se llama **índice de refracción**, y varía con los medios que atraviesa la luz.

Se llama **ángulo límite** al ángulo de incidencia para el cual el rayo refractado emerge tangente a la superficie de separación.

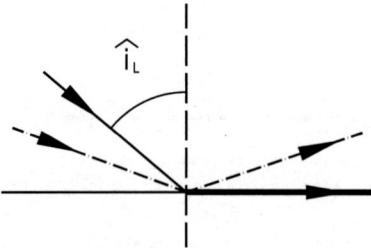

Para un ángulo de incidencia mayor que el ángulo límite, el rayo se refleja totalmente en la superficie de separación de los medios y no se produce refracción.

Prisma de reflexión total

Se llama prisma, en óptica, todo medio transparente limitado por dos caras planas inclinadas entre sí. Normalmente, un rayo de luz que incida en un prisma de cristal sufre una doble refracción antes de emerger nuevamente al primer medio.

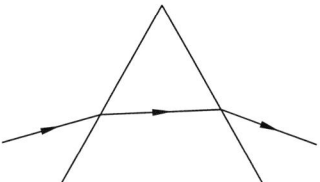

Sin embargo, si los rayos inciden sobre la superficie de una separación con un ángulo superior al ángulo límite, no se refractan, sino que son reflejados totalmente en la superficie de separación. Los prismas basados en este principio se denominan **de reflexión total**.

El tipo más sencillo de prismas de reflexión total es el constituido por un prisma cuya sección principal es un triángulo rectángulo isósceles, de ángulos 45°, 45°, 90°. Tiene la propiedad de desviar el rayo emergente 90° respecto de la dirección de entrada.

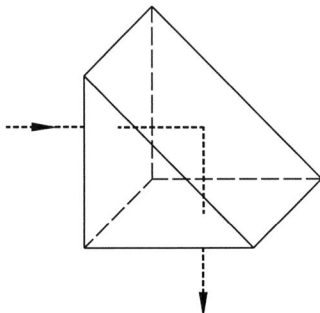

En efecto, un rayo que penetre normal a un cateto, por entrar perpendicularmente no se refracta y al llegar a la cara hipotenusa, forma con ella un ángulo de 45°, mayor que el ángulo límite del vidrio que es de unos 42°. Debido a esta circunstancia, el rayo sufre una reflexión total e incide perpendicularmente sobre la otra cara cateto del prisma, emergiendo sin sufrir desviación. El paso del rayo a través del prisma de reflexión total ha hecho experimentar a este una desviación de 90° respecto a la dirección de entrada.

Refracción de la luz a través de una lámina de caras paralelas

Cuando la luz atraviesa un medio limitado por caras paralelas, el rayo emergente es paralelo al rayo incidente, ya que al atravesar la lámina no es desviado, sino desplazado de su trayectoria original, paralelamente a la dirección de incidencia, una cierta distancia PQ.

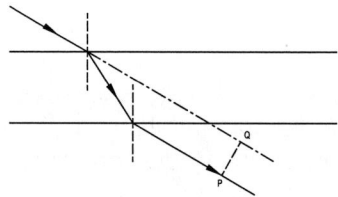

Lentes. Formación de imágenes en las lentes

Se denomina lente a todo medio transparente y homogéneo, limitado por dos caras curvas o una plana y otra curva.

Se llaman **centros de curvatura** a los centros de las superficies curvas a las que pertenecen las caras. **Eje principal** es la recta indefinida que une los centros de curvatura. **Centro óptico** es el punto en el que el eje principal corta a la lente.

Las lentes pueden ser divergentes o convergentes, según su espesor en los bordes sea mayor o menor que en el centro. En las **divergentes**, todo haz de rayos paralelos al eje que las atraviese diverge al salir de ellas. Su prolongación hacia atrás se corta en un punto denominado **foco virtual**.

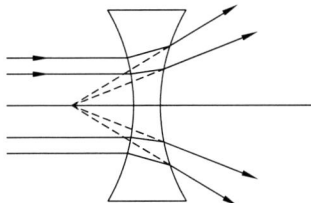

Las lentes **convergentes** se caracterizan por que todo haz de rayos paralelos al eje principal que las atraviese converge al salir en un punto denominado **foco imagen**. *F'*.

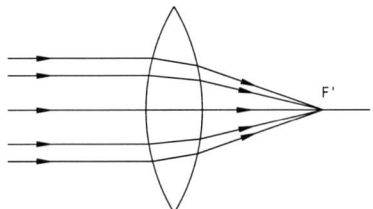

Se denomina **foco objeto**, *F*, o **foco principal** de una lente, el punto del eje principal donde se encuentran los rayos incidentes que al atravesar la lente emergen paralelos a dicho eje.

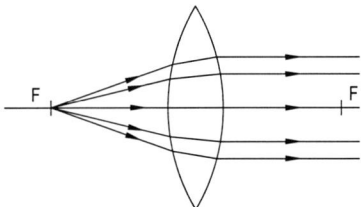

Los dos focos de una lente se encuentran a distinto lado de la lente a la misma distancia de ella. Se denomina **distancia focal**, *f*, la distancia de los focos a la lente.

Formación de imágenes en las lentes convergentes

Para determinar la imagen que proporciona una lente convergente, han de tenerse en cuenta las siguientes propiedades:

- Todo rayo que incida paralelo al eje principal se refracta pasando por el foco imagen.

- Todo rayo incidente que pase por el foco objeto se refracta paralelo al eje principal.

- Todo rayo que pase por el centro óptico no se desvía.

La imagen de un objeto se obtiene geométricamente a partir de sus extremos mediante rayos a los que se hace cumplir las condiciones anteriores. A los fines del trazado, se suele representar la lente mediante un plano perpendicular al eje principal y que pasa por el centro óptico de la lente.

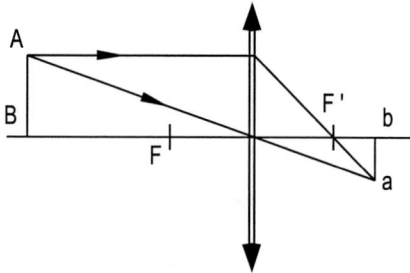

La imagen del segmento *AB* de la figura se ha obtenido de la forma siguiente: por el punto A, extremo del objeto, se han trazado dos rayos, uno paralelo al eje principal, y otro que pasa por el centro óptico. El rayo paralelo al eje se refracta pasando por el foco imagen. El que pasa por el centro óptico no se desvía. La intersección de los dos rayos emergentes proporciona el punto *a*, que es la imagen del extremo *A* del objeto. El extremo *b* de la imagen se ha obtenido trazando por *a* una perpendicular al eje óptico. La imagen resultante es el segmento *ab*.

Cuando el foco principal queda entre el objeto y la lente, como en este caso, la imagen resultante es real e invertida, según se puede apreciar en la figura.

Cuando el objeto se encuentra situado entre el foco principal y el centro óptico, la imagen resultante es derecha, de mayor tamaño que el objeto y virtual, es decir, que está formada por la prolongación de los rayos de luz, ya que estos divergen y no se cortan.

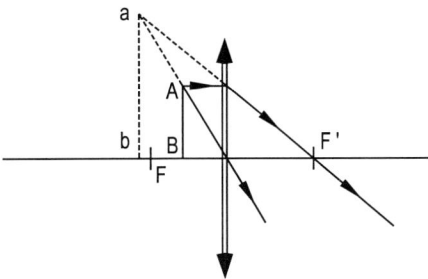

Las imágenes virtuales son perceptibles por el ojo humano pero no se pueden recoger en una pantalla de proyección.

La distancia entre el objeto y la lente se denomina **distancia objeto**, *p*. **Distancia imagen**, *q*, es la distancia entre la imagen y la lente.

Las distancias focal, objeto e imagen de una lente, están relacionadas mediante la denominada **ecuación de las lentes**:

$$\frac{1}{p} - \frac{1}{q} = \frac{1}{f}$$

El microscopio

Un microscopio es un sistema óptico destinado a la observación de objetos próximos. Está constituido por dos lentes convergentes, una *O*, llamada **objetivo** porque da frente al objeto, de distancia focal corta. Otra *O´*, llamada **ocular**, porque es por donde se mira. Su funcionamiento óptico es el siguiente:

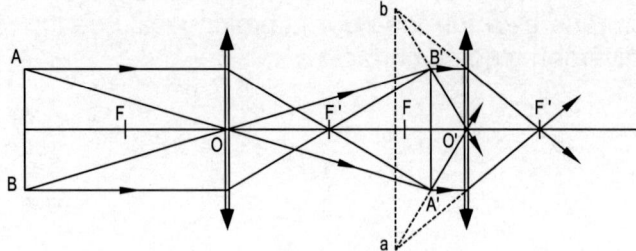

El objeto *AB* se coloca muy cerca del foco principal, *F*, del objetivo, pero de modo que el foco quede entre él y la lente, produciendo una imagen *A´B´*, real e invertida, situada entre el ocular y su foco, con el que se obtiene la imagen *ab,* virtual, invertida respecto al objeto y más amplificada que la anterior.

Anteojo astronómico

El anteojo astronómico es una aplicación del microscopio destinada a la observación de objetos muy lejanos, con objetivos de gran diámetro y gran distancia focal.

BIBLIOGRAFÍA CONSULTADA

AUSTIN BARRY, B
    Topografía Aplicada a la Construcción

BANISTER and BAKER
    Topografía

CHUECA PAZOS, Manuel
    Topografía

CHUECA PAZOS y OTROS
    Poligonación

CHUECA PAZOS y OTROS
    Métodos de Nivelación

CONESA LUCERGA y GARCIA G.
    Diseño Geométrico de Carreteras

CRAMER, Johannes
    Levantamientos Topográficos

DOMINGEZ, Francisco
    Topografía General y Aplicada

ESCARIO, José Luis
    Caminos

EXPOSITO, J.
    Topografía Mecánica y de Estructuras

FERRER TORIO y PIÑA PATÓN
    Topografía Aplicada a la Ingeniería

FOSSI, Ignacio
    Tratado de Topografía

JORDAN, W.
    Tratado de Topografía

KISSAM, Philips
    Topografía para Ingenieros

LOPEZ–CUERVO, Serafin
    Topografía

MARTIN ASIN, Fernando
    Geodesia y Cartografía Matemática

OJEDA, José Luis
    Métodos Topográficos

OLABARRIETA, Luciano
    Geometría y Trigonometría

PASSINI, Claudio
    Tratado de Topografía

RIOS, Sixto
    Análisis Estadístico Matemático

RUIZ CASTILLO, Luis
    Métodos Planimétricos

RUIZ MORALES, Mario
    Ingeniería Cartográfica y Geodesia

SANTOS MORA, Antonio
    Topografía y Replanteos

SEARS, Francis
    Física

SERVICIO GEOGRÁFICO
    Curso de Información de Topografía

SUDAKOV, A
    Trabajos Geodésicos en la Construcción

VAZQUEZ MAURE y MARTÍN LÓPEZ
    Lectura de Mapas

ZURITA, José
    Topografía Práctica

Observación en relación con los dibujos

Están realizados a partir de la figura de uno de los libros consultados los siguientes dibujos:

Página	Libro consultado.
20, 21	Lectura de mapas. Vázquez y López.
31, 56	Topografía. Domínguez.
46, 48	Topografía. López Cuervo.
71	Topografía. Chueca Pazos.
230-233	Topografía Aplicada. Barry.
238-241	Trabajos Geodésicos. Sundakov.